設計技術シリーズ

EMC技術者のための電磁気学

［著］

元 拓殖大学
後藤 尚久

科学情報出版株式会社

はじめに

　電磁気学は電気電子工学や物理学の基礎理論として広く勉強されている科目だが、電磁気学を利用する立場によって重点のおき方は変わるのではないだろうか。

　たとえば、物理学の基礎理論を勉強する教科書では、マックスウェルの方程式を前提とし、電気に関する現象を説明するための法則を、この方程式から論理的に明確な方法で導くものが多い。電磁気学は体系的に整った学問とされているからである。

　これに対して、アンテナがまわりの空間に作る電磁界を解析するために電磁気学を学ぶときなどは、マックスウェルの方程式を応用して、いろいろな問題を解けることが重要になる。

　それでは、EMCにたずさわる技術者は、電磁気学をどのように勉強すればよいのだろうか。アンテナが作る電磁界を解析できるのは、アンテナが直線の導体線や平面の導体板などで作られ、簡単な構造のことが多い。これに対してEMCであつかう電磁界は、複雑な形をしている電子機器が作るのが普通であり、マックスウェルの方程式をよく理解していても、解くのが難しい電磁界である。

　アンテナは電波を放射しやすくするためのデバイスだから、アンテナを構成する導体はおのずと簡単な形になる。ところが、電子回路などはその伝送損失を少なくするため、不要な電波の放射を抑圧する必要があり、必然的に複雑な構造になってしまう。

　電波を放射しやすい回路は外部から到来する電波を受信しやすく、電波を放射しにくい回路は、外部の電磁界の影響を受けにくい回路でもある。このため、電波が放射しにくいように電子回路を設計するのは重要な意味をもつのである。

　本講座で明らかにするように、電流が流れれば必ず電波が放射されるのである。従って、電流が流れている電子回路から放射される電波を抑圧するためには、電子回路の周りの構造は複雑になることが多い。EMC技術者は必然的に複雑な電磁界、解析するのが難しい電磁界を扱う運命

にあるといえるだろう。

最近では、複雑な構造のアンテナが要求される場合が多い。たとえば、これからの携帯電話には800MHz帯、1.5GHz帯、2GHz帯の周波数の利用が予定されている。都市内の基地局のアンテナは簡単に増設するのは難しいため、ひとつのアンテナでこれらの3周波を共用できるのは大変重要になる。

それには、どのような形のアンテナが3周波で動作するか、という難しい問題を解決しなければならない。マックスウェルの方程式を使いこなす能力よりは、むしろ電磁界をあつかう経験と、電流と電磁界の関係に対する直観が要求されるのである。

これは、まさに電子回路が作る複雑な電磁界をあつかうEMC技術者に要求される能力と同じといえるだろう。電磁界のふるまいを直観的に理解しなければならないから、マックスウェルの方程式を応用するのとは別な能力であり、ある意味ではより高度な能力といえるかもしれない。

最近では電磁界を解析するソフトが発達しているから、電子回路をなるべく簡単なモデルに変形して、近似計算することが重要になる。どのように近似するかは、電流が流れる回路とそれが作る電磁界の関係を、よく理解している必要がある。本講座は、この目的をいくらかでも達成できるような電磁気学の解説を試みたものである。

通常の電磁気学では、クーロンの法則、アンペアの法則、ファラデーの法則などを前提として、これらの法則から電気現象を説明するための各種の法則を導出するか、またはマックスウェルの方程式を前提として各種の法則を導出するのが普通である。

これに対して本講座では、クーロンの法則だけを電磁気学の基本法則として、クーロンの法則からアンペアの法則やファラデーの法則を導出するとともに、これらの法則がもつ意味を詳しく説明した。また、なぜ電磁波は真空中を光速で進むか、どのような電子回路が電磁波を放射しないか、などを重点に解説した。

目　　次

はじめに

第1章　クーロンの法則 ……………………………………… 1

第2章　電気力線 ……………………………………………… 7

第3章　電位 …………………………………………………… 15

第4章　電流は電荷の移動 ………………………………… 25

第5章　伝送線路に流れる電流 …………………………… 33

第6章　ローレンツ力 ……………………………………… 41

第7章　磁荷に対するクーロンの法則 …………………… 49

第8章　ビオ-サバールの法則 …………………………… 55

第9章　電磁気学の本質は電荷と磁荷の相互作用 …… 65

第10章　磁石の本質は電流ループ ………………………… 75

第11章　磁界の積分 ………………………………………… 85

第12章　ガウスの定理とアンペアの法則 ……………… 95

第13章　アンペアの法則とファラデーの法則 ……… 105

－ⅴ－

目次

第14章 電気力線がないときのアンペアの法則 ········ 113

第15章 ポテンシャルと交流理論 ················· 121

第16章 遅延ポテンシャルとローレンツ条件 ·········· 131

第17章 ダイポールが作る電磁界と
マックスウェルの方程式 ················ 139

第18章 電磁波はどのように発生するか、
またはどのように発生させないか ········· 149

第19章 磁界を作るのはなにか ················· 157

第20章 パラドックスのいろいろ ··············· 167

参考文献 ······························· 184

第1章
クーロンの法則

図 1.1 に示すように、電荷 Q と q が間隔 r の位置にある場合を考えてみよう。これらの電荷には、比例定数を $1/4\pi\varepsilon$ として次の力 F が斥力として働く。

$$F = \frac{qQ}{4\pi\varepsilon r^2} \quad \cdots\cdots\cdots\cdots\cdots\cdots\cdots\cdots\cdots\cdots\cdots\cdots\cdots\cdots (1.1)$$

　力の単位 [N] をニュートンというが、単位と単位間の関係については表 1.1 を参照していただきたい。
　式 (1.1) に示すように、「電荷 Q と q の間には、電荷の積 qQ に比例し、電荷間の距離 r の 2 乗に逆比例する力が働く」というのがクーロンの法則である。フランスのクーロンが発見した法則であり、電荷の間に働く力をクーロン力という。
　現代の物理学では、電気現象の根元は電荷にあるとされている。"根元"という語には出発点という意味があるが、本講座で説明するようにクー

〔図1.1〕間隔 r にある電荷 Q、q とそれらに働くクーロン力 F

〔表1.1〕単位と単位間の関係

名称	単位	記号	単位間の関係
距離	メートル	m	
質量	キログラム	kg	
時間	秒	s	
電流	アンペア	A	
力	ニュートン	N	$[kg][m]/[s]^2$
エネルギー	ジュール	J	[N][m]
電荷	クーロン	C	[A][s]
電力	ワット	W	[J]/[s]
電圧	ボルト	V	[W]/[A]
抵抗	オーム	Ω	[V]/[A]
静電容量	ファラッド	F	[C]/[V]

第1章 クーロンの法則

ロン力が出発点になって、すべての電気現象がなぜ起こるのかが説明できるのである。

式 (1.1) の分母の ε は、電荷を囲むまわりの誘電体の誘電率である。真空中の誘電率と式 (1.1) の比例定数は、それぞれ次のようになる。

$$\varepsilon = 8.854 \times 10^{-12} \, [\text{F/m}]$$
$$1/4\pi\varepsilon = 8.99 \times 10^{9} \, [\text{N}][\text{m}]^2/[\text{C}]^2 \qquad \cdots\cdots\cdots\cdots\cdots\cdots \quad (1.2)$$

これらの値は空気中でも大体同じで、それぞれ 8.859×10^{-12}、8.98×10^{9} となる。

実際に、図1.1の電荷にどのような力が働くか求めてみよう。たとえば、1クーロンの電荷が1メートルの間隔にあるときの斥力は、式 (1.2) を式 (1.1) に代入して、次のようになる。

$$F = 9.0 \times 10^{9} [\text{N}] = 9.2 \times 10^{8} \text{kg} \text{ の重さ} \qquad \cdots\cdots\cdots\cdots\cdots \quad (1.3)$$

地球の表面上での重力の加速度は 9.8m/s^2 だから、質量 1kg の地上での重さは 9.8N の力に相当する。表 1.1 の力の単位からわかるように、1N の大きさは 0.102（=1/9.8）kg の重さに等しいため、式 (1.3) の第 2 式が得られる。1クーロンの電荷が1メートル間隔にあるとき、その電荷に働く力は約 100 万トンの重さに相当する。

1マイクロクーロン（10^{-6}C）の電荷が、1cm の間隔にあるときも、10kg の重さに等しい力が働くことがわかる。1マイクロアンペアとは、測定するのが難しいくらいの微小な電流である。この電流が1秒間流れたときに溜まる電荷が1マイクロクーロンであり、この微小な電荷に、10kg という大きい力が働く。

1ナノクーロン（10^{-9}C）の電荷が1ミリメートルの間隔にあるときには、この力は1グラムの重さに相当する。これは普通の大きさの力だが、導体の表面などに多く出現するのは、ナノクーロンの桁の電荷量なのである。これくらいの大きさの力であれば、電荷に容易に作用させることができるだろう。

実際に、コンデンサに1ボルトの電圧をかけたとき、蓄えられる電荷

－ 4 －

量はナノクーロンの桁になるのが普通である。表 1.1 の下段に示すように、静電容量の単位ファラッドはクーロンとボルトの比である。このため、コンデンサの静電容量は、ナノファラッド（0.001μF または 1000pF）の単位になるものが多い。

第2章

電気力線

クーロン力を表わす式 (1.1) を、次のように 2 個の式に分解し、それぞれの式がもつ意味について考えてみる。

$$F = qE \qquad \cdots\cdots\cdots\cdots\cdots\cdots\cdots\cdots\cdots\cdots\cdots\cdots \quad (2.1)$$

$$E = \frac{Q}{4\pi\varepsilon r^2} \qquad \cdots\cdots\cdots\cdots\cdots\cdots\cdots\cdots\cdots\cdots \quad (2.2)$$

　これらの式は、次のように解釈することができる。式 (2.2) は、図 1.1 の電荷 Q がまわりの空間に及ぼす影響を E で表わしている。その空間に新たな電荷 q をもってくると、電荷 q には、その点の E と q の積の力 $F = qE$ が働くことを、式 (2.1) は意味している。式 (2.2) のように定義される E を、点電荷 Q がまわりの空間に作る電界という。点のような小さい空間を占有する電荷が、点電荷である。

　電気に関する現象の根元は電荷にあるというのは、順を追って明らかにするが、その理由は電荷の間にクーロン力が働くために他ならない。従って、電荷に働く力の方向と大きさを表わす電界 E は、電磁気学のなかで最も重要な役目を果たす量といえるだろう。図 1.1 の電荷 q から見れば、自分に右方向の力 E が働くから、自分の位置に右方向の電界 E ができていることがわかる。

　この場合、電荷 q にどのような力が働くか、すなわち電荷 q の位置にどのような電界ができているかを、目に見えるように表わすのが電気力線である。電気力線は、電気現象を直観的に理解する上で重要な役割を果たしている。

　図 2.1 に、図 1.1 の電荷 Q が作る電気力線を示した。中心にあるのが電荷であり、中心から一様に広がる外向きの矢印がついた直線が電気力線である。

　電気力線とは、新たにもってきた電荷 q にどのような力が働くか、を表現するための曲線群（図 2.1 では直線群）である。電荷 q には $F = qE$ の力が働くから、電界 E と電気力線の関係を明らかにすれば、電荷に働く力の大きさと方向がわかる。電気力線は次の定義に従って描くことになっている [1]。

－ 9 －

第2章 電気力線

電気力線の性質
①電界の方向は電気力線の接線方向に一致し、電気線についた矢印の方向を向く。
②電界の大きさは、電気力線に垂直な単位面積を通過する電気力線の本数（電気力線の面積密度という）に等しい。
③電荷 Q は Q/ε 本の電気力線を発生する。ただし、ε は電荷をかこむ空間の誘電率である。

　このように電気力線が描けるのは、逆二乗の法則が成り立つからである。たとえば、図2.1の電荷 Q は、定義③から Q/ε 本の電気力線を発生する。電荷 Q を中心とする半径 r の球の表面積は $4\pi r^2$ だから、この球面に垂直な単位面積を通過する電気力線の本数は、Q/ε を $4\pi r^2$ で割って、$Q/4\pi\varepsilon r^2$ となる。これは式 (2.2) の電界 E に等しいから、定義②を満足している。

　電気力線は導体表面につねに垂直になる、というのは次回で説明するが、電気力線がもつ重要な性質のひとつである。その簡単な例として、半径 a の導体球に電荷 Q を与えたときにできる電気力線を図2.2に示した。電荷は、構造上の対称性から導体球の表面に一様に分布するため、導体表面の電荷密度は次のようになる。

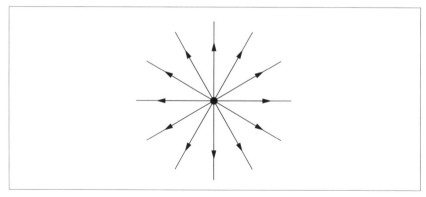

〔図2.1〕点電荷 Q が発生する電気力線

$$\sigma = \frac{Q}{4\pi a^2} \ [\text{C/m}^2] \quad \cdots\cdots\cdots\cdots\cdots\cdots\cdots\cdots\cdots\cdots\cdots\cdots \quad (2.3)$$

導体表面での電気力線の面積密度は、定義③から σ/ε となり、定義②から電界の大きさは、式 (2.2) で $r=a$ とした結果に一致する。

次に、図 2.2 の導体球を、図 2.3 (a) に示すように、半径 b の球の空洞をもつ導体球で囲んだ場合を考えてみよう。静電誘導によって、導体球の内側表面には負の電荷 $-Q$ が誘起され、図 2.3 (a) では省略したが外側の導体表面に $+Q$ が発生する。この場合、内側表面の電荷密度は次のようになる。

$$\sigma = \frac{Q}{4\pi b^2} \ [\text{C/m}^2] \quad \cdots\cdots\cdots\cdots\cdots\cdots\cdots\cdots\cdots\cdots\cdots\cdots \quad (2.4)$$

導体の内側表面での電気力線の面積密度は σ/ε となるから、電界 E は径が大きくなる方向を正とすると、式 (2.4) から次のようになる。

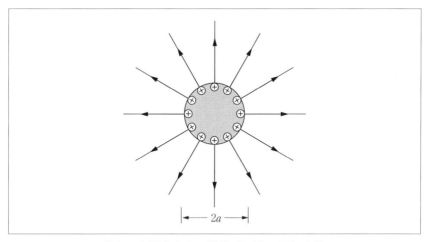

〔図 2.2〕電荷をもつ導体球が作る電気力線

$$E = \frac{Q}{4\pi\varepsilon b^2} \quad\cdots\cdots\cdots\cdots\cdots\cdots\cdots\cdots\cdots\cdots\cdots\cdots\cdots\cdots \quad (2.5)$$

　この式は、電界の大きさは距離の 2 乗に反比例して減少するという、逆 2 乗の法則が成り立つことを意味している。かりに、逆 2 乗の法則が成り立たないときは、どのように電荷は分布するだろうか。その例を図 2.3（b）に示した。

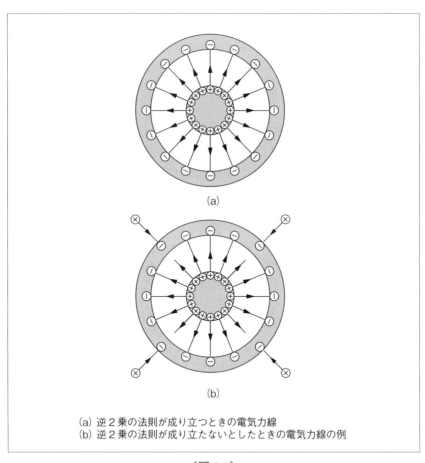

(a) 逆 2 乗の法則が成り立つときの電気力線
(b) 逆 2 乗の法則が成り立たないとしたときの電気力線の例

〔図 2.3〕

たとえば、点電荷が作る電界は距離の3乗に比例して減少するとしよう。空洞をもつ導体球の内側表面上の電界は、式 (2.5) より小さくなるから、この導体表面に誘起される負の電荷は、$Q' < Q$ として $-Q'$ と表わすことができる。従って、中心の導体球から発生した電気力線の一部は、途中の空間で消滅しなければならない。$Q' < Q$ となるためである。

　逆2乗の法則が成り立つため、図2.1 のように電気力線は連続して描ける。このため、図2.3 (b) の現象が起こらないことが、逆2乗の法則が正しいことの証明にはならない。ただし、図2.3 (b) を見れば、逆2乗の法則が成り立たないのは不自然であることがわかるだろう。

　正負の電荷の間には大きい引力が働くため、通常は正負の電荷は同量だけあって電気的に中性になっている。ところが、図2.3 (b) では負の電荷は中心にある正の電荷から離れようとするからである。

　このように、正しくないことに不自然さを感じ、正しいことに自然さを感じる、というのが現象を直観的に理解するうえで必要なのである。

第3章

電位

ある量の物理的な意味を考えるときは、その単位が参考になることがわかっている。前回に出てきたクローン力 $F=qE$ からわかるように、電界 E の単位は、力と電荷の単位の比 [N]/[C] になる。表1.1に示した単位から、次の関係式 [N][m] = [V][A][s]、[C]=[A][s] が得られる。これらの式を利用すると、電界 E の単位は [N]/[C]=[V]/[m] となることがわかる。

　これは電圧と距離の比の単位だから、電界は電圧の勾配という物理量になる。そこで、図3.1のように勾配のある斜面があるとき、斜面上に置かれた物体にはどのような力が働くかを、考えてみよう。物体の質量を m、重力の加速度を g とすると、物体には垂直方向の力 mg が働いている〔参考文献2) の29ページ〕。

　斜面が水平方向となす角度を θ とすると、この垂直方向の力は、斜面に平行な力 $mg\sin\theta$ と直角方向の力 $mg\cos\theta$ に分けることができる。この物体を下に落ちないように支えるとすると、斜面に平行な力 $mg\sin\theta$ を加えればよいのは明らかである。

　図3.1に示すように、物体が落ちないよう水平方向の力 F で物体を支えるとしよう。この力 F の斜面に平行な成分 $F\cos\theta$ が $mg\sin\theta$ に等しいため、$F=mg\tan\theta$ という式が得られる。式(2.1)と式(2.2)に対応させ、かりに電界と同じ記号で $E=\tan\theta$ とおいてみると、物体を支える水平方

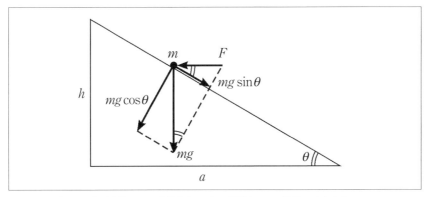

〔図3.1〕勾配 h/a の斜面上にある質量 m の物体に働く力。
　　　　F はこの物体が落ちないように支える水平方向の力

第3章　電位

向の力 F は、次のように表わすことができる。

$$F = mgE、E = \tan\theta \quad \cdots\cdots\cdots\cdots\cdots\cdots\cdots\cdots\cdots \quad (3.1)$$

　電界 E は電圧の勾配の単位 [V/m] をもつが、式 (3.1) の E は普通の高さの勾配である。従って、図 3.1 の斜面で縦方向の高さが電圧の大きさを表わすとすれば、その勾配である E は電界と同じ単位になる。

　それでは、点電荷 Q が作る電界 $E = Q/4\pi\varepsilon r^2$ は、どのような斜面の勾配だろうか。この電界は r の関数だから、斜面の高さを表わす関数を $\psi(r)$ としよう。ここで、r が微少量 Δr だけ増えたとき、関数 $\psi(r)$ の増加量を $\Delta\psi$ とすると、斜面の勾配が $\Delta\psi/\Delta r$ となることは明らかだろう。実は、電界は次のように表わすことができるのである。

$$E = -\frac{\Delta\psi}{\Delta r} \rightarrow E = -\frac{d\psi}{dr} \text{ [V/m]} \quad \cdots\cdots\cdots\cdots\cdots \quad (3.2)$$

　右側の式は $\Delta r \rightarrow 0$ としたときの極限で、関数 $\psi(r)$ を r で微分することを意味している。右辺にマイナスの符号をつけるのは、電荷は斜面が低くなる方向（負の勾配方向）の力を受けるためである。この ψ は図 3.1 の斜面の高さに対応するが、物体は斜面の高い位置にあるほど位置エネルギーは大きい。電荷がもつ "電気的な位置エネルギー" も、電荷が ψ の大きい位置にあるほど大きい。そのため ψ を電位というのである。

　式 (2.2) の電界 E が $\psi(r)$ の微分関数とすると、$\psi(r)$ は次の関数であればよい。

$$\psi = \frac{Q}{4\pi\varepsilon r} \text{ [V]} \quad \cdots\cdots\cdots\cdots\cdots\cdots\cdots\cdots\cdots \quad (3.3)$$

これを式 (3.2) に代入すると、$E = Q/4\pi\varepsilon r^2$ になることから、点電荷 Q が式 (3.3) の電位を作るのは理解できるだろう。

　図 3.2 には、式 (3.3) の点電荷 Q が作る電位を示した。電荷量は $Q = 10^{-9}$C（1 ナノクローン）の場合で、縦軸をボルト、横軸をセンチメ

－ 18 －

ートルの単位としている。たとえば、電荷から 50cm の位置の電位は約 20V になる。このようにナノクーロンの桁の電荷が、20V という普通の大きさの電位を作るのである。

　地図では地形を等高線で表わすが、これと同じように、空間に分布している電位を表現するのが等電位線である。図 3.3 は点電荷が作る等電

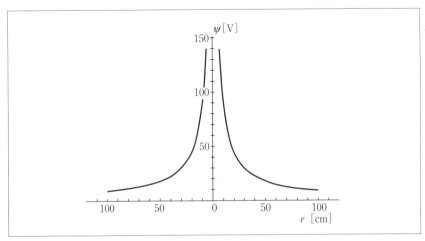

〔図 3.2〕1 ナノクーロンの点電荷が作る電位

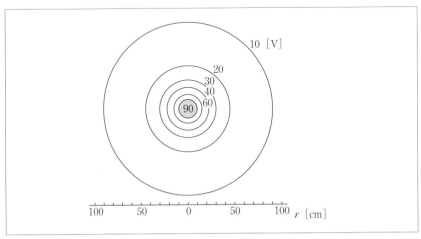

〔図 3.3〕1 ナノクーロンの点電荷が作る等電位線

位線であり、図 3.2 の山の高さを表わすための等高線である。1 ナノクーロンの点電荷が作る電位は、半径 10cm の位置で 90V になるが、この円の内部は非常に密な等電位線になるため省略した。

　内部の電界がつねにゼロになる導体を完全導体というが、銅のような金属はこれに近い性質をもっている。このため、完全導体の表面は等電位線に一致するが、図 3.3 の等電位線は円であり、前回の導体球と導体空洞の内側の表面 (図 2.3 (a) 参照) は、図 3.3 の等電位線と同じなのである。

　次に、図 3.2 や図 3.3 に示す電位を一般化して $\psi(x, y)$ とおき、$\psi(x, y)$ と電界 E の関係を求めてみよう。この山の平面図の例を図 3.4 に示した〔参考文献 1) の 134 ページ〕。山の形は普通の地図と同じように等高線で表わし、P 点を通る等高線の高さを ψ とする。高さが $\psi+\Delta\psi$ と $\psi-\Delta\psi$ の、隣り合う 2 本の等高線も示した。

　これらの等高線と直角な方向を、右下方向を向く矢印で表わし、この方向の単位ベクトルを $\boldsymbol{n}$ とする。単位ベクトルとは、大きさを 1 とし

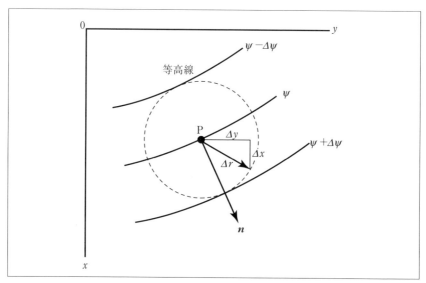

〔図 3.4〕高さを $\psi(x, y)$ とする山の等高線

て方向だけを表わすベクトルである。代表的な単位ベクトルは、直角座標の x、y、z 軸方向の単位ベクトルを表わす、i、j、k であり、これを基本単位ベクトルという。

隣り合う等高線の水平面内での間隔を Δr としたから、斜面が最も急な方向（等高線に直角な方向、すなわち n 方向）の勾配は $\Delta \psi / \Delta r$ となる。$\psi(x, y)$ が電位の高さを表わすとき、式 (3.3) からわかるように、電界 E は次のようになる。等高線に直角な n 方向では、山の勾配は最も急になり、電荷はその方向の力を受けるからである。

$$E = -n \frac{\Delta \psi}{\Delta r}$$ .... (3.4)

図 3.4 には、P 点を中心とする半径 Δr の円を点線で示した。中心の P 点からこの点線までのベクトルを Δr とすると、このベクトルは、x 方向成分 Δx と方向成分 Δy を用い、x 軸と y 軸方向の単位ベクトルを i、j として、次のように表わすことができる。

$$\Delta r = i \Delta x + j \Delta y$$ .... (3.5)

さて、山の高さの微少な変化量 $\Delta \psi$ は、一般に次のように表わすことができる。

$$\Delta \psi = \frac{\partial \psi}{\partial x} \Delta x + \frac{\partial \psi}{\partial y} \Delta y$$ .... (3.6)

これは全微分の公式として知られ、公式の意味を説明するため、図 3.4 の P 点を含む一部を拡大して図 3.5 に示した。

図 3.5 の網点の部分は、それぞれ x と y が微少量 Δx、Δy だけ増えたとき、それぞれ x 軸方向と y 軸方向に山を登る高さを表わしている。この高さは、勾配と水平方向の距離の積だから、図 3.5 から次のように表わせることがわかる。

- 21 -

x 軸方向に登る高さ：$\dfrac{\partial \psi}{\partial x} \Delta x$

y 軸方向に登る高さ：$\dfrac{\partial \psi}{\partial y} \Delta y$ ……………………………… (3.7)

　関数 $\psi(x, y)$ を x で偏微分した値 $\partial \psi / \partial x$ は、y を定数として、$\psi(x, y)$ を x で普通に微分した値に等しい。従って、この偏微分の値は、山の斜面の x 軸方向に対する勾配を表わしているため、式 (3.7) の結果が得られる。y 軸方向についても全く同じである。

　図 3.5 をよく観察すると、式 (3.7) に示した両方向に登る高さの和は、図 3.5 の P 点から直接 Q 点まで行くときに登る高さ $\Delta \psi$ に等しいことがわかる。これが式 (3.6) の公式の物理的な意味である。これは簡単な公式だが、図 3.5 に示すように、この式がもつ意味を直観的に理解することが重要なのである。

　次に、新たな次のベクトル A を考えてみよう。

$$A = i\dfrac{\partial \psi}{\partial x} + j\dfrac{\partial \psi}{\partial y}$$ ………………………………………… (3.8)

　このベクトル A と式 (3.5) のベクトル Δr とのスカラーの積は、次の

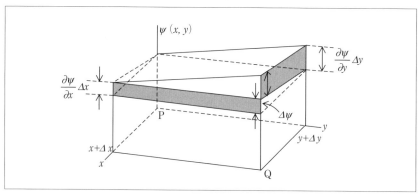

〔図 3.5〕図 3.4 の P 点近傍の山の高さ

ようになる。

$$A \cdot \Delta r = \frac{\partial \psi}{\partial x} \Delta x + \frac{\partial \psi}{\partial y} \Delta y = \Delta \psi \quad \cdots\cdots\cdots\cdots\cdots\cdots\cdots\cdots \quad (3.9)$$

　図3.4の点線はP点を中心とする円だから、点線上では半径の大きさ Δr はつねに一定で、Δx と Δy の割合だけが変化している。ここで、ベクトル Δr の方向が等高線と平行のときは、この方向では勾配は零となって山は水平、すなわち $\Delta \psi = 0$ となる。

　この結果、ベクトル Δr が等高線と同じ方向のときは、式 (3.9) から $A \cdot \Delta r = 0$ となるため、ベクトル A は等高線と直角な n 方向を向くことがわかる。2個のベクトルのスカラー積がゼロのときは、それらのベクトルは直交しているからである。

　式 (3.9) で Δr が等高線と直角方向のとき、すなわちベクトル A と同じ方向のときは、式 (3.9) の値は $A\Delta r = \Delta \psi$ となる。方向が同じ2個のベクトルのスカラー積は、個々のベクトルの大きさの積になるからである。

　これらの結果から、式 (3.4) の大きさから $E\Delta r = \Delta \psi$ となるため、ベクトル A の大きさ A は電界 E の大きさに等しく、A の方向も電界 E と同じ等高線と直角方向になることがわかる。従って、式 (3.4) と式 (3.8) から次の式が得られる。

$$E = -\left(i \frac{\partial \psi}{\partial x} + j \frac{\partial \psi}{\partial y} \right) = -\mathrm{grad}\,\psi \quad \cdots\cdots\cdots\cdots\cdots\cdots\cdots \quad (3.10)$$

　これは電界 E と電位 ψ の関係を表わす式としてよく知られている。この偏微分は電磁気学ではたびたび登場するため、それを簡便に表わす記号が最後の **grad**（gradient：グラジエント、勾配）であり、ベクトル **grad**ψ をスカラー関数 ψ の勾配という。

　式 (3.10) の偏微分から、右辺のベクトルは ψ の大きさが最も急に変化する方向を向いている、と想像するのは簡単ではない。逆に、偏微分の世話にはならないで、式 (3.4) から直接に次の式を想像するのが、電

－ 23 －

第3章　電位

磁気学の直観的理解に役立つかもしれない。

$$E = -\mathrm{grad}\,\psi = -n\frac{\Delta\psi}{\Delta r} \quad \cdots\cdots\cdots\cdots\cdots\cdots\cdots\cdots\cdots (3.11)$$

　これまでは図を用いて簡単に説明するため、2次元の電位 $\psi(x, y)$ を考えてきた。3次元の電位 $\psi(x, y, z)$ に対しても全く同じになることは、理解できるだろう。

第4章

電流は電荷の移動

電荷が移動する現象を電流というが、電流は導体の中をどのように流れるかを調べるため、はじめに電荷の移動と電流の関係を考えてみる。銅などの導体中では、正の電荷をもつ原子が固定され、負の電荷をもつ電子が移動する。しかし、ここでは説明をわかりやすくするため、すなわち電流の方向と電荷の移動方向を同じにするため、負の電荷は静止して正の電荷が移動するとしよう。

　直線上に並んだ正の電荷が移動する様子を図 4.1 (a) に示した。電荷密度 σ [C/m] の線電荷が、速度 v [m/s] で右方向に移動している。これを静止した位置で観測すると、単位時間に σv [C/s] の電荷が右方向に通過するから、次の電流が右方向に流れている。

$$I = \sigma v \ [\text{A}] \quad \cdots\cdots\cdots\cdots\cdots\cdots\cdots\cdots\cdots\cdots\cdots\cdots\cdots\cdots \quad (4.1)$$

この線電荷の微少区間 l の間にある電荷量は $Q = \sigma l$ となるが、この電

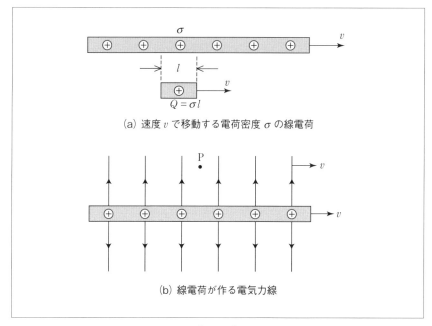

(a) 速度 v で移動する電荷密度 σ の線電荷

(b) 線電荷が作る電気力線

〔図 4.1〕

荷 Q は点電荷と見ることができる。従って、式 (4.1) の電流は、点電荷 Q の列が速度 v で右方向に移動することによる電流、と考えることもできる。図 4.1 (b) には、この線電荷が作る電気力線を示した。この電気力線も電荷と同じ速度 v で右方向に移動している。

　電気に関する現象の根元は電荷にあり、電流は電荷が移動する現象である。また、電荷がまわりの空間に及ぼす影響は、電気力線によって表現することは前回に説明した。従って、図 4.1 (b) のP点にいる観測者は、P点を電気力線が移動するのを見て電流が流れているのを知る、と考えるのが自然だろう。それでは、電流は導体の中をどのように流れているのだろうか。

　銅のような導体中には多量の正負の電荷があり、内部を自由に移動できる電子（自由電子という）も多量にある。例えば、銅 1mm^3 という小さい体積中にも、13.6 クーロンもの自由電子がある〔参考文献2) の 21 ページ〕。

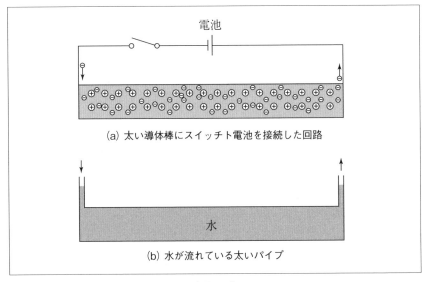

〔図 4.2〕

図 4.2 (a) には、このような導体棒の両端に電池を接続したときの様子を示した。電池の負の電極から押し出された電子は導体棒の左端に入るが、導体の内部はつねに電気的に中性を保とうとするから、同じ量の電子が直ちに右端から押し出される。

かりに、右端から電子が出ないとすると、導体棒中には余分の負の電荷があり、この負の電荷と電池側に残った正の電荷の間にクーロン力が働く。前回に説明したように、導体棒に入った電荷量が 1 マイクロクーロンという微少量でも、1cm の間隔にある正負の電荷の間に働くクーロン力は、10kg という大きい力になる。そのため、電荷はつねに中性を保とうとするのである。

このような電子の流れは、図 4.2 (b) に示すように、固いパイプの中を流れる水に似ている。パイプの左端から水を入れると、直ちに右端から水が流れ出す。かりに、右端から水を出さないで左端から水を入れるには、大きい力が必要になるだろう。

このように実際に流れている電流は、図 4.1 のモデルとは異なり、正負の電荷が同量だけある中で、負の電荷だけが移動しているのである。これを図 4.1 と対応するモデルで考えると図 4.3 のようになる。ここでも説明をわかりやすくするため、導体中とは違って正の電荷だけが移動するとした。電荷密度 σ の線電荷が速度 v で右方向に移動し、電流 $I = \sigma v$ が右方向に流れている。

図 4.3 (a) は図 4.1 (b) に対応するものであり、正の線電荷が実線の電気力線を発生し、電気力線は右方向に速度 v で移動している。ただし、図 4.3 (a) では同じ電荷密度が$-\sigma$ の負の線電荷があり、点線で示した電気力線が加わる。

P 点にいる観測者にとっては、実線の電気力線が右方向に移動することから、近くに電流が流れていることがわかる。図 4.1 との相違点は、P 点に新たな電荷 q をもってきたとしても、その電荷に力が働かないことにある。図 4.1 では近くに正の電荷があるから、電荷 q には力が働く。しかし、図 4.3 (a) の P 点の近くには正負の電荷が同量あり、電荷 q に働く力はキャンセルするためである。

- 29 -

第4章 電流は電荷の移動

　このように、電流の近くにある電荷に力が働かないとすると、その位置に電気力線は存在しないから、図4.3 (a) の正負の電荷が作る電気力線は図4.3 (b) のようになると考えがちである。正の電荷が静止しているときは図4.3 (b) のままでよいが、移動しているときは、図4.3 (a) の実線と点線で示す電気力線の和としなければならない。
　たとえ電流の近くにある電荷に力が働かなくても、移動している実線の電気力線と静止している点線の電気力線を重ね合わせた空間を、電気的に何の影響も及ばない空間とはできないからである。このことは、電流が作る磁界の項で詳しく考察する。
　図4.3 (b) の状態を保ったままで電流が流れないことは、図4.4 に示すことからも理解できよう。図4.4 (a) は図4.3 (b) と同じで、正負の電荷は静止している。目印として中央の正の電荷（かりに男とする）と負の電荷（かりに女とする）を黒くし、電気力線を手と考えて、お互いに

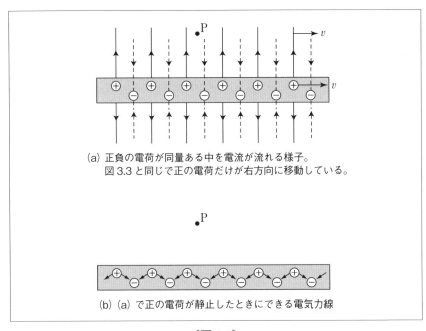

(a) 正負の電荷が同量ある中を電流が流れる様子。
　　図3.3と同じで正の電荷だけが右方向に移動している。

(b) (a)で正の電荷が静止したときにできる電気力線

〔図4.3〕

向き合って結ばれている左手に○印をつけた。

　この状態から、上側の正の電荷が右方向に1区間dだけ移動して、図4.4 (c) の状態になったとしよう。この場合には、黒い男女の手はともに右手が結ばれ、○印のついた左手は互いに隣の男女と結ばれている。従って、図4.4の (a) から (c) に移行するには、両手を離している (b) の状態を経なければならない。

　図4.4 (b) に示すように、電荷のないところで電気力線が切断されないことには、前回に説明した (図2.3 (b) 参照)。電気力線が発生する位置には正の電荷があり、消える位置には負の電荷がある。図4.4 (b) の状態にはなれないため、図4.3 (a) の実線のように、電気力線は遠くの負の電荷が遠方まで伸びるとしなければならない。

　この理由は、正負の電荷を同数だけもつ導体は、外部に電気力線を作らないことにある。その他の理由は、静止した負の電荷が作る電気力線も図4.1 (b) と同じで、遠方まで伸びるとしなければならないことにある。

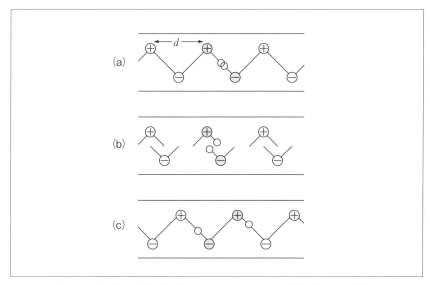

〔図4.4〕電気力線が導体の外部に出ないで電流が流れる様子

第4章　電流は電荷の移動

　実は、外部に電気力線を作らないで流れる電流は、特別な電流ということができる。この理由は磁石の節で、すなわち電流のループが作る磁界の節で詳しく説明するが、伝送線路に電流が流れるときなどは、導体線の外部に必ず電気力線ができるのである。伝送線路の電流はどのように流れるか、については次章で説明しよう。

第5章

伝送線路に流れる電流

電池と抵抗を導体線で接続した図 5.1 は、最も簡単な電気回路である。電池の電圧を V、抵抗を R とすると、回路に流れる電流 I が次のようになることは、オームの法則として誰もが知っている。

$$I = \frac{V}{R} \quad \cdots\cdots\cdots\cdots\cdots\cdots\cdots\cdots\cdots\cdots\cdots\cdots\cdots\cdots\cdots\cdots \quad (5.1)$$

それでは、導体線の中を電流はどのように流れるのだろうか。図 5.2 (a) には、伝送線路の左側はスイッチを通して電圧 V の電池に、右側は

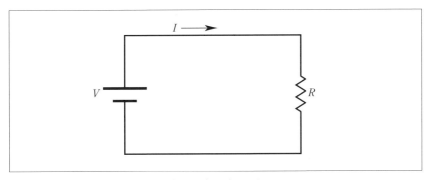

〔図 5.1〕電気回路

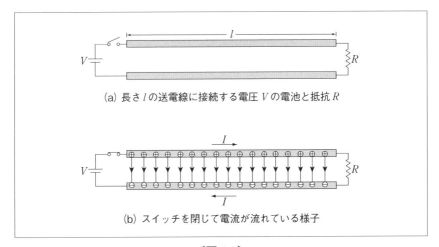

(a) 長さ l の送電線に接続する電圧 V の電池と抵抗 R

(b) スイッチを閉じて電流が流れている様子

〔図 5.2〕

第5章 伝送線路に流れる電流

負荷抵抗 R に接続した回路を示した。電池を出た電力は負荷抵抗まで伝達されるため、これらを伝送線路で接続した。

図 5.2 (a) のスイッチを閉じたのが図 5.2 (b) である。導体線の抵抗が無視できるときは、負荷抵抗に式 (5.1) に示した電流が流れる。図 5.1 の回路をより具体的に描いたのが、図 5.2 (b) である。

図 5.2 は初心者でもよく理解できる回路だが、図 5.2 (a) のスイッチを閉じた瞬間はどうなるだろうか。これを示したのが図 5.3 である。後で詳しく説明する近接作用のため、スイッチを閉じた瞬間に図 5 (b) の状態にはならない。電気力線の先端は、近接作用のため瞬時に負荷抵抗まで達することはできないからである。

時間が経過すると図 5.2 (b) の状態になるのだから、電気力線の先端は、ある速度で右方向に移動するとしなければならない。実は、この速度が光速に等しいのである。このことは続く講座で詳しく説明するが、今の段階では事実として認めることにする。

次に、説明を簡単にするため、図 5.2 の上下の導体線は平行な 2 枚の導体板でできているとしよう。図 5.4 に示すように、幅 w、長さ h の 2 枚の導体板を間隔 d で平行においた伝送線路である。

この2枚の導体板をコンデンサと考えると、端部効果を無視できるときの静電容量は誘電率を ε として、$\varepsilon wh/d$ となる。端部効果を無視したときの静電容量は、導体板の面積と間隔の比と誘電率の積になるからである。これを長さ h で割ると、次に示すように、導体板線路の単位長さあたりの静電容量 C になる。

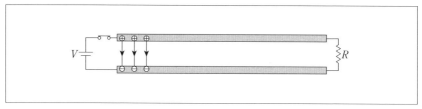

〔図 5.3〕図 5.2 (a) のスイッチを閉じた瞬間

$$C = \frac{\varepsilon w}{d} \ [\text{F/m}] \quad \cdots\cdots\cdots\cdots\cdots\cdots\cdots\cdots\cdots\cdots\cdots\cdots\cdots\cdots\cdots\cdots \quad (5.2)$$

　この導体板線路に、電圧 V の電池を接続したのが図5.4である。上下の導体板に誘起される単位長さあたりの電荷 $\pm\sigma$ は、次のように表わすことができる。

$$\sigma = CV = \frac{\varepsilon w}{d} V = 6.64 \times 10^{-9} \ [\text{C/m}] \quad \cdots\cdots\cdots\cdots\cdots\cdots \quad (5.3)$$

　最後の数値は、$V=100\text{V}$、$w=75\text{mm}$、$d=10\text{mm}$ として求めた。すなわち、幅 75mm の導体板が間隔 10mm にある導体板線路に 100V の電圧をかけたとき、線路の単位長さに誘起される電荷量である。

　図5.2 (b) に示すように、この電荷が光速 c で負荷の方向（図5.4の z 軸の正方向）に進むとすると、前回の式（4.1）と同じで線路には次の電流が流れる。

$$I = \sigma c = 1.99\text{A} \quad \cdots\cdots\cdots\cdots\cdots\cdots\cdots\cdots\cdots\cdots\cdots\cdots\cdots\cdots\cdots \quad (5.4)$$

　最後の電流の値は、式 (5.3) の σ と光速 c を第1式の右辺 σc に代入して求めた。

　実は、この電流の値 1.99 アンペアは、導体板線路に負荷抵抗 50.2 Ω を接続したときに流れる電流なのである。50.2 Ω というのは、幅 75mm

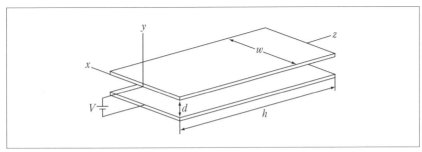

〔図5.4〕電圧 V の電池を接続した導体板線路

第5章　伝送線路に流れる電流

の導体板が間隔 10mm にある導体板線路の特性抵抗である。伝送線路の特性抵抗に等しい抵抗を負荷にすれば、線路には反射のない電流が流れるが、詳しくは続く講座で説明し、ここでは次の点を考察する。

　図 5.2 (b) と図 5.3 からわかるように、電気力線の上下の端は正負の電荷につながれている。それでは、これらの電荷は電気力線とともに光速で進むのだろうか。

　導体内部を電流が流れる様子は前回の図 4.2 (a) に示した。導体中には多量の移動できる電荷（実際には電子）があるため、電荷が流れるときの電荷の移動速度が秒速 10cm くらいになることがわかっている。電荷の移動速度の 10cm と電気力線の移動速度の光速は違いすぎるが、この理由を模型的に示したのが図 5.5 である。

　図 5.5 (a) は図 5.2 (a) と同じだが、導体線の内部には正負の電荷が同量だけあることを示した。電子の動きをわかりやすくするため、導体線を長さ d の部分に区切り、電子と原子が並ぶ間隔を δ とした。

　図 5.5 (b) はスイッチを閉じた瞬間だが、電子が 1 個だけ上の導体線から下の導体線に移動し、1 本の電気力線ができている。これより微小な時間を経過したのが図 5.5 (c) である。さらに 1 個の電子が上の導体線から下に移動したため、2 本の電気力線になる。ただし、上の導体線の中では 4 個の電子が δ だけ左方向に移動し、下の導体線では 4 個の電子が δ だけ右方向に移動している。

　この図から、電子が移動する距離は δ だが、同じ時間に電気力線は d だけ右方向に移動することができる。この結果、電気力線と電子の移動速度の比は d/δ となる。導体中を移動できる電子は多量にあるため、図 5.5 の電子の間隔 δ は非常に小さくなる。この結果、電気力線の移動速度は、非常に大きい光速になっても許されるのである。

　式 (5.3) に示す密度の線電荷が光速で移動するとしたため、式 (5.4) の電流が流れたが、実際に移動する電荷の速度は $v = 10\text{cm/s}$ くらいである。このときに移動する電荷の密度を $\sigma'[\text{C/m}]$ とすると、次の式が成り立つ。

- 38 -

$$\sigma'v = 1.99\text{A}, \therefore \sigma'v = 19.9\,\text{C/m} \quad \cdots\cdots\cdots\cdots\cdots\cdots\cdots\cdots\cdots\cdots \quad (5.5)$$

　式 (5.4) の σ は、図 5.5 に示す電気力線の上下の端にある電荷量を表わし、式 (5.5) の σ' は外部に電気力線を発生しない電荷を含めた電荷量を表わしている。

　前にでてきたように、銅 1mm^3 の中には、移動できる電荷が 13.6 クーロンある〔参考文献 2) の 21 ページ〕。たとえば、断面積 1mm^2 の銅線でできた伝送線路では、単位長さあたり、$13{,}600\,\text{C/m}$ の電荷が自由に移動

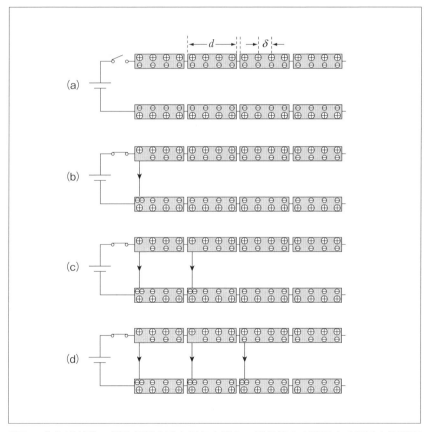

〔図 5.5〕伝送線路の導体線間を進む電気力線と、導体線内を移動する電子の模型図

できる。このなかで 19.9 C/m の電荷が移動すれば、1.99 アンペアの電流が流れることを、式 (5.5) は表わしている。このように銅の中には大量の移動できる電荷があるため、大きい電流を流せるのである。

この場合に、図 5.5 に示す間隔 d の導体線の部分を、電気力線はどのように移動するか考えてみよう。図 5.6 は前回の図 4.2 (a) と同じだが、電子が右方向に移動する図 5.5 の下側の導体線に対し、長さ d の部分を拡大して示した。

銅のような導体のなかにある個々の電子は、高速でランダム運動をしている。電流が流れる様子は、ランダム運動している電子が、全体として秒速 10cm くらいで右方向に移動するモデルで考えることができる。

この結果、前回の図 4.3 (a) に示したように、導体線の外部に反対方向の電気力線が同数だけできるとは考えにくいのである。電磁気学では巨視的に見た電荷を扱うが、導体内部の電荷が作る電気力線などは、微視的に扱わなければならないのかも知れない。参考文献 4) の 284 ページにあるように、原子核のまわりを回転している電子は、雲のように見えることがわかっているからである。

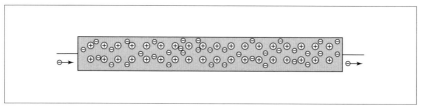

〔図 5.6〕図 5.5 の長さ d の部分の拡大図（電子が右方向に進む下側の線路）

第6章

ローレンツカ

電磁気学はクーロン力とローレンツ力を基にして築かれているといえる。電磁気学という体系を構築するうえでは、必要な量を正確に測定することが第一歩であった。電気現象の根源とされる電荷の量は、クーロン力によって測定できた。

電気の分野で最も重要な量である電流は、現在の電流計の原理と同じで、ローレンツ力を利用して測定できたのである。ドイツのオームがオームの法則を発見できたのも、電流の大きさを正確に測定できたからである〔参考文献 3) の 15 ページ〕。

このように電磁気学で重要な役割を果たしているローレンツ力は、①クーロンの法則、②電荷保存の法則、③ローレンツ収縮、という 3 個の事実から導き出すことができる。最初のクーロンの法則については、これまでに詳しく説明してきた。

次の電荷保存の法則は、質量保存の法則に似ているが、より普遍的な法則といえる。物体の質量は、移動速度は光速に近づくと急に増加する

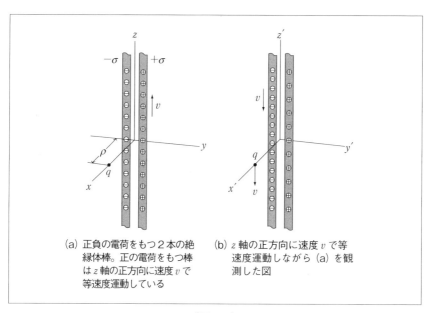

(a) 正負の電荷をもつ 2 本の絶縁体棒。正の電荷をもつ棒は z 軸の正方向に速度 v で等速度運動している

(b) z 軸の正方向に速度 v で等速度運動しながら (a) を観測した図

〔図 6.1〕

第6章　ローレンツ力

が、電荷は運動してもその電荷量は変化しないからである。

　最後のローレンツ収縮とは、ある長さの棒が移動するのを静止した位置で観測すると、短く見えるという事実である。静止したときの長さ L の棒が、長さ方向に速度 v で等速度運動しているとき、静止した位置で観測すると棒の長さ L' は次のようになる。

$$L' = L\gamma, \quad \gamma = \sqrt{1-(v/c)^2}, \quad c = 光速 \quad \cdots\cdots\cdots\cdots\cdots \quad (6.1)$$

なぜこのようになるかは、参考文献3) あるいは他の参考書を参照されたい。

　図6.1 (a) に、z 軸に平行で一様な正負の電荷をもつ2本の絶縁体の棒を示した。これらの棒は z 軸から微小距離だけ離れた y 軸上にあり、正の電荷をもつ棒は z 軸の正方向に速度 v で等速度運動している。

　x 軸上の $x=\rho$ の位置に電荷 q があり、この電荷は x 軸方向だけに移動できるとする。絶縁体棒上にある正負の線電荷の電荷密度を $\pm\sigma$ とし、大きさは等しいとする。従って、電荷 q には x 軸方向の力は働かないから、電荷は静止している。

　図6.1 (a) を、z 軸の正方向に速度 v で等速度運動しながら観測したとしよう。このときに観測者が見たのが図6.1 (b) である。正の電荷をもつ絶縁体棒は静止し、負の電荷をもつ絶縁体棒と電荷 q は下方向に速度 v で移動しているように見える。

　図6.1 (b) に示すように、絶縁体棒のローレンツ収縮によって正負の線電荷の電荷密度に差ができ、電荷 q には原点方向に向かうクーロン力が働く。図6.1 (b) の電荷分布は、速度 v が光速の60%として正確に描いた。

　図6.1 (b) の電荷 q に x 軸の負方向のクーロン力が働くが、電荷の間の関係は図6.1 (a) と同じだから、電荷 q は x 軸方向には移動しないはずである。このため、図6.1 (b) の電荷 q には、x 軸の正方向に向かう新たな力が働いているとしなければならない。この新たな力はどのような大きさになるだろうか。

　ローレンツ収縮により、負の電荷をもつ左側の棒の長さは式 (5.1) に

－ 44 －

示すように γ 倍になる。逆に、正の電荷をもつ右側の棒は移動していたのが静止するので、長さは $1/\gamma$ 倍になる。棒上にある電荷量は運動によっては変化しないから、負の電荷密度は $-\sigma/\gamma$ に、正の電荷密度は $\sigma\gamma$ になる。この結果、x 軸上から見えると、次の電荷密度 σ' の線電荷が z 軸上に現われたことになる。

$$\sigma' = \gamma\sigma - \frac{\sigma}{\gamma} = \frac{vI}{c^2}, \quad I = \frac{\sigma v}{\gamma} \quad\cdots\cdots\cdots\cdots\cdots\cdots\cdots\cdots (6.2)$$

第2式は式 (6.1) の γ を代入して求めた。最後の式の I は、図6.1 (b) で負の線電荷の電荷密度 $-\sigma/\gamma$ と下方向の移動速度 v の積だから、下方向に流れる負の電流になる。これは上方向に流れる電流になり、式 (6.2) の I は上方向に流れる電流の大きさを表わす。

電荷密度 σ' の直線の線電荷が距離 ρ の位置に作る電界は、次のようになることはわかっている。

$$E = \frac{\sigma'}{2\pi\varepsilon\rho} = -\frac{\mu vI}{2\pi\rho} \quad\cdots\cdots\cdots\cdots\cdots\cdots\cdots\cdots (6.3)$$

第2式は、式 (6.2) と公式 $c^2 = 1/\mu\varepsilon$（c は光速だから）を代入して求めた。

このような電界 E ができるから、図6.1 (b) の電荷 q には x 軸の負の方向を向いた力 $F = qE$ が働く。しかし、電荷 q は移動しないから、電荷 q には、次に示す qE と同じ大きさの力 F が、x 軸の正方向に働かなければならない。

$$F = \frac{q\mu vI}{2\pi\rho} \quad [\text{N}] \quad\cdots\cdots\cdots\cdots\cdots\cdots\cdots (6.4)$$

この式は、次のように解釈することができる。電流 I が z 軸の正方向に流れているとき、$x = \rho$ の位置にある電荷 q が z 軸の負の方向に速度 v で移動すると、この電荷 q には x 軸の正方向の力 F が働く。

図6.1 (a) では、大きさ $I = \sigma v$ の電流が z 軸の正方向に流れているが、

電荷 q に力は働かない。従って、式 (6.4) は電流 I の近くにある電荷 q が、電流と同じ方向に速度 v で移動するために働く力であって、電荷が移動しなければ ($v=0$ だから) 力は働かないことを意味している。

さて、距離 r にある 2 個の電荷 Q と q の間に働くクーロン力 $F=qQ/4\pi\varepsilon r^2$ は、$F=qE$、$E=Q/4\pi\varepsilon r^2$ のように、2 個の式に分けて考えた。この方法と全く同じようにして、式 (6.4) の力は、次のように分解して考えることができる。

$$F = qvB, \quad B = \mu H, \quad H = \frac{I}{2\pi\rho} \quad \cdots\cdots\cdots\cdots\cdots\cdots (6.5)$$

電流 I は自分から距離 ρ の位置に、H および $B=\mu H$ というひずみを作る。この位置にある電荷 q が、速度 v で電流と同じ方向に運動すると、電荷 q には $F=qvB$ の力が直角方向に働く、と考えるのである。

このときの B を磁束密度、H を磁界というが、これらについては次の章で説明する。電流 I が磁界 H を作るとき、電流と磁界の関係を図 6.2 に示した。すなわち、磁界は電流を中心とする円周上にでき、磁界の方向に右ネジをまわすとき、ネジが進む方向を電流の方向とする。こ

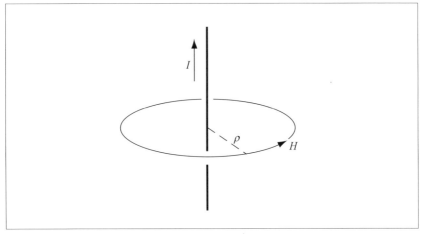

〔図 6.2〕アンペアの右ネジの法則

れをアンペアの右ネジの法則というが、これらの意味については順を追って明らかにしよう。

図 6.1 (b) の電荷 q は、磁束密度 B の方向と直角方向に速度 v で運動していることになる。図 6.3 に示すように、磁束密度 B と速度 v のとの間の角度が q のときは、式 (6.5) は次のように表わすことができる〔導出法は参考文献 2) の 121 ページ参照〕。

$$F = qvB\sin\theta 、 または \boldsymbol{F} = q\boldsymbol{v} \times \boldsymbol{B} \quad\cdots\cdots\cdots\cdots\cdots\cdots (6.6)$$

右側の式は、左側の式をベクトル積で表わしたものである。図 6.3 に示すように、電荷 q の速度 $\boldsymbol{v}$ の方向から磁束密度 $\boldsymbol{B}$ の方向に右ネジを回すとき、ネジの進む方向が力 $\boldsymbol{F}$ の方向である。式 (6.6) の力がローレンツ力であり、高校の物理の教科書にも出てくる力である。

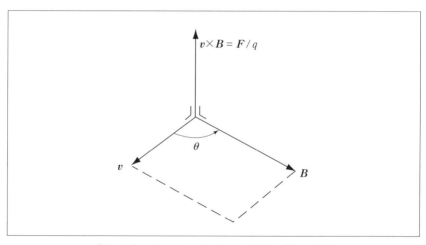

〔図 6.3〕ベクトル v と B のベクトル積 $v \times B$

第7章

磁荷に対するクーロンの法則

砂鉄や鉄片を引きつける磁石は古代から知られており、磁石の存在を私たちも身近に実感することができる。電荷の間にも磁石の間と同じような力が働くが、実際にいろいろな磁石が利用されていることを考えると、電荷より磁石の方が安定した存在であることがわかる。

　図7.1に示すように、磁石はN極とS極の対と考えられている。N極とS極の間には引力が働き、同じ極の間には反発力が働くため、N極とS極は正負の電荷に対応させることができる。

　これらの極を正負の磁荷として、図7.1ではN極を$+Q_m$、S極を$-Q_m$として示した。添字のmはmagnetic（磁気的）の意味でつけている。図7.2に示すように、間隔rにある磁荷Q_mとq_mを考えてみよう。電荷の場合と同じようにして、フランスのクーロンはこれらの磁荷の間には次の式に従う力Fが働くことを発見した。

$$F = \frac{q_m Q_m}{4\pi\mu r^2} \quad \cdots\cdots\cdots\cdots\cdots\cdots\cdots\cdots\cdots\cdots\cdots\cdots\cdots (7.1)$$

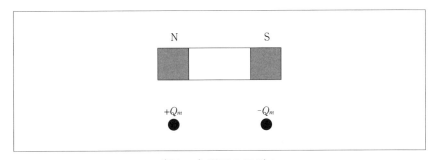

〔図7.1〕磁石のモデル

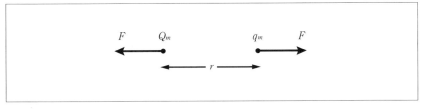

〔図7.2〕間隔rにある磁荷Q_m, q_mに働く力F

第7章　磁荷に対するクーロンの法則

　不思議なことではあるが、磁荷 Q_m、q_m の間に働く力にも、電荷の場合とまったく同じ逆2乗の法則が成り立つのである。図7.2と式 (7.1) を、電荷に対するクーロンの法則の図1.1と式 (1.1) に比較すると、磁荷 Q_m、q_m と電荷 Q、q を対応させ、分母の μ を誘電率 ε に対応させれば、両者はまったく同じ形式で働く力になることがわかる。μ を透磁率といい、式 (7.1) を磁荷に対するクーロンの法則という。

　電荷に対するクーロンの法則の式 (1.1) をもとにして、これまでに説明した電界、電気力線、電位という考えが生まれた。従って、式 (7.1) をもとにして、電界、電気力線、電位などに対応する磁気的なものが存在することは、納得できるだろう。これらの対応関係をまとめたのが表7.1である。

　表7.1の左側の欄は前回までに出てきたが、電束の記号の Φ_e だけは初めてである。右側の磁気に関する量の中で、磁束は重要な量のため Φ の記号が与えられている。磁束に比較すると、電束はよく出てくる量ではないため、磁束の記号を借用して Φ_e としたのである。後で明らかにするが、電荷に比較すると磁荷の方が補助的な量になるため、磁荷の記号を Q_m、q_m とするのと同じである。

　表7.1の右側の欄には、左側に対応してこれから出てくる量を示した。なぜこのような対応関係になるかは、式 (7.1) に示した磁荷に対するク

〔表7.1〕電気と磁気の対応関係

電気			磁気		
名称	記号	単位	名称	記号	単位
電　荷	Q, q	[C]	磁　荷	Q_m, q_m	[Wb]
電　界	E	[V/m]	磁　界	H	[A/m]
電　圧	V	[V]	電　流	I	[A]
電気力線			磁力線		
電　位	Ψ	[V]	磁　位	Ψ_m	[A]
電　束	Φ_e	[C]	磁　束	Φ	[Wb]
電束密度	$D = \varepsilon E$	[C/m2]	磁束密度	$B = \mu H$	[Wb/m2]
誘電率	ε	[F/m]	透磁率	μ	[H/m]
静電容量	C	[F]	インダクタンス	L	[H]
	$Q = CV$	[FV]		$\Phi = LI$	[HA]

－ 52 －

ーロンの法則をもとにして、順を追って明らかにしよう。

電荷の場合と同じ考え方で、式 (7.1) の磁荷に対するクーロンの法則は次のように分けることができる。

$$F = q_m H \quad \dots\dots\dots\dots\dots\dots\dots\dots\dots\dots\dots\dots\dots\dots\dots \quad (7.2)$$

$$H = \frac{Q_m}{4\pi\mu r^2} \quad \dots\dots\dots\dots\dots\dots\dots\dots\dots\dots\dots\dots\dots \quad (7.3)$$

電荷の場合とまったく同じで、これらの式は次のように解釈することができる。はじめに、図 7.2 の磁荷 Q_m がまわりの空間に及ぼす影響を H で表わす。この空間に新たな磁荷 q_m をもってくると、その磁荷には、その点の H と磁荷 q_m の積の力 $F = q_m H$ が働くと考えるのである。式 (7.3) のように定義される H を、磁荷 Q_m が距離 r の位置に作る磁界という。

磁荷 Q_m が作る式 (7.3) の磁界と、前回の式 (6.5) に示したように、電流 I が作る次の磁界とは同じ記号の H を用いて表わした。

$$H = \frac{I}{2\pi\rho} \quad \dots\dots\dots\dots\dots\dots\dots\dots\dots\dots\dots\dots\dots\dots \quad (7.4)$$

これらが同じ磁界であることは、小さい電流ループが作る磁界と図 7.1 の磁石が作る磁界が等しいことから証明できる。次回にこの証明法を示すが、今の段階では事実として認めることにする。

第8章
ビオーサバールの法則

図8.1 (a) では、電荷 q が直角座標の z 軸上を速度 v で等速度運動し、座標の原点を通過しようとしている。これは電荷 q に働くローレンツ力を説明するためのもので、前回の図6.3 に対応している。ただし、図8.1 (a) の $\pi-\theta$ が図6.3 の θ に対応し、P点にある磁荷 q_m が原点に作る磁界を H' としているから、図6.3 では $B=mH'$ となる。

　これらの結果を前回に出てきた式 (6.6) の左側の式に代入すると、図8.1 (a) の電荷 q に働くローレンツ力は次のように表わすことができる。

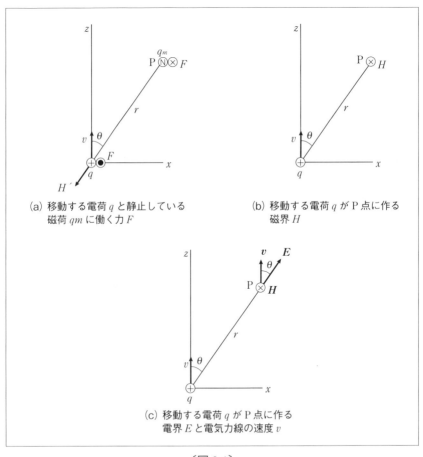

(a) 移動する電荷 q と静止している磁荷 q_m に働く力 F

(b) 移動する電荷 q が P 点に作る磁界 H

(c) 移動する電荷 q が P 点に作る電界 E と電気力線の速度 v

〔図 8.1〕

- 57 -

第8章　ビオーサバールの法則

図では紙面に垂直に上方向を向く力として、記号◉で示した。

$$F = \mu q v H' \sin\theta \quad \cdots\cdots\cdots\cdots\cdots\cdots\cdots\cdots\cdots\cdots\cdots \quad (8.1)$$

ここでは、$\sin(\pi - \theta) = \sin\theta$ の関係を利用した。

図 8.1 (a) の P 点にある磁荷 q_m が原点に作る磁界 H' は、原点と磁荷との距離を r とすると、式 (7.3) から次のようになる。

$$H' = \frac{q_m}{4\pi\mu r^2} \quad \cdots\cdots\cdots\cdots\cdots\cdots\cdots\cdots\cdots\cdots\cdots \quad (8.2)$$

磁荷 q_m が原点に作る磁界 H' が原因になって、原点にある電荷 q には式 (8.1) の力 F が、紙面に垂直で上方向に働いている。図 8.1 (a) の空間には電荷 q と磁荷 q_m だけしか存在しないから、磁荷 q_m には、電荷に働くのと同じ大きさの力が、紙面に垂直で下方向に働かなければならない[3]。

図 8.1 (a) では電荷と磁荷に働く力は同じ直線上にないから、作用反作用の法則は適用できない。しかし、電荷と磁荷には、同じ大きさで互いに反対方向の力が働き、相手を動かそうとする回転モーメントの和は零になるはずである。

その結果、磁荷 qm には式 (8.1) の力 F が、記号⊗で示すように紙面に垂直で下方向に働く。この力は、式 (8.2) を式 (8.1) 代入して、次のように表わすことができる。

$$F = \frac{q v q_m \sin\theta}{4\pi r^2} \quad \cdots\cdots\cdots\cdots\cdots\cdots\cdots\cdots\cdots\cdots \quad (8.3)$$

この式は式 (7.1) ～式 (7.3) と同じで、次のように変形することができる。

$$F = q_m H, \quad H = \frac{q v \sin\theta}{4\pi r^2} \quad \cdots\cdots\cdots\cdots\cdots\cdots\cdots\cdots \quad (8.4)$$

式 (7.2) と式 (7.3) の例に従えば、式 (8.4) は磁荷 q_m のある P 点に磁

- 58 -

界 H ができていることを意味する。磁荷 q_m に力 $F=q_m H$ が働くからであり、これは磁界 H の定義でもある。図 8.1 (b) に示すように、電荷 q が速度 v で等速度運動すると、P 点には式 (8.4) の磁界 H ができるのである。

　図 8.1 (c) に示すように、電荷 q が P 点に作る電界を E とすると、これは式 (2.2) と同じだから次のようになる。

$$E = \frac{q}{4\pi\varepsilon r^2} \quad \cdots\cdots\cdots\cdots\cdots\cdots\cdots\cdots\cdots\cdots\cdots\cdots\cdots\cdots\cdots (8.5)$$

　この電界を表わす電気力線は、図 8.1 (c) に示すように速度 v で上方向に等速度運動している、とするのは理解できるだろう。電気力線を作る電荷 q が速度 v で上方向に等速度運動するからである。式 (8.5) を式 (8.4) の第 2 式に代入して q と r を消去すると、磁界 H は次のようになる。

$$H = \varepsilon v E \sin\theta \quad \cdots\cdots\cdots\cdots\cdots\cdots\cdots\cdots\cdots\cdots\cdots\cdots\cdots (8.6)$$

　図 8.1 (c) の P 点での電界、速度、磁界をベクトルで表わして、それぞれ $\boldsymbol{E}$、$\boldsymbol{v}$、$\boldsymbol{H}$ としよう。この場合には、式 (8.6) はベクトル積を用いると、表 7.1 に示すように $\boldsymbol{D}=\varepsilon\boldsymbol{E}$ となるため、次のような簡潔な式で表わすことができる [2]。

$$H = \varepsilon \boldsymbol{v} \times \boldsymbol{E} = \boldsymbol{v} \times \boldsymbol{D} \quad \cdots\cdots\cdots\cdots\cdots\cdots\cdots\cdots\cdots\cdots (8.7)$$

　この式は次のように解釈することができる。電界 $\boldsymbol{E}$ を表わす電気力線が速度 $\boldsymbol{v}$ で等速度運動するとき、その位置に式 (8.7) の磁界 $\boldsymbol{H}$ ができる。このように、電気力線が速度 $\boldsymbol{v}$ で等速度運動すると式 (8.7) 磁界ができるというのは、次回で明らかにするが、電磁気学では重要な役割を果たす事実なのである。

　図 8.1 で電荷 q に等速度運動の条件を課すのは、相対運動しても物理法則は変わらないという相対性の原理のためである。かりに、速度 $\boldsymbol{v}$ が一定でないとすると、近接作用のため、遠方にできる電気力線は同じ速度で移動できないからである。電荷 q が単振動のように加速度運動する

－ 59 －

場合は、後で詳しく説明する。

さて、点電荷とは、点のように微小な空間にある電荷を意味している。従って、図8.1の点電荷qを、図8.2(a)のように、電荷密度がσ[C/m]である線電荷の微小区間l[m]の部分にある電荷量と考えることができる。$q = \sigma l$[C]とするのである。

次に、図8.2(b)に示すように、この線電荷が速度vで上方向に等速度運動しているとしよう。この場合には、大きさ$I = \sigma v$の電流が、線電荷にそって流れていることになる。線電荷の断面内を、1秒間にσvクーロンの電荷が通過するからである。

これらの結果を利用すると、式(8.4)の第2式分子のqvは、次のように変形することができる。

$$qv = \sigma l\, v = Il \quad \because q = \sigma l,\ I = \sigma v \quad \cdots\cdots (8.8)$$

この結果、式(8.4)の第2式は次のようになる。

$$H = \frac{Il\ \sin\theta}{4\pi r^2} \quad \cdots\cdots (8.9)$$

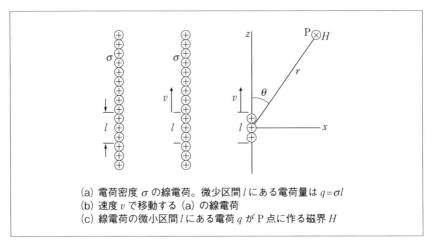

(a) 電荷密度 σ の線電荷。微少区間 l にある電荷量は $q = \sigma l$
(b) 速度 v で移動する (a) の線電荷
(c) 線電荷の微小区間 l にある電荷 q が P 点に作る磁界 H

〔図8.2〕

この式は、図 8.2 (c) に示すように、電流 I の微小区間 l の部分が P 点に作る磁界 H を表わしている。微小区間の電流が作る磁界が式 (8.9) のようになることを、ビオ－サバールの法則という。電流が作る磁界を求めるときによく利用され、電磁気学では重要な役割を果たす法則なのである。

　ビオ－サバールの法則の応用例として、図 8.3 (a) に示すように z 軸上の全体に電流 I が流れているとき、P 点にできる磁界 H を求めてみよう。z 軸上の微小区間 Δz の電流が作る磁界を ΔH とすると、式 (8.9) の

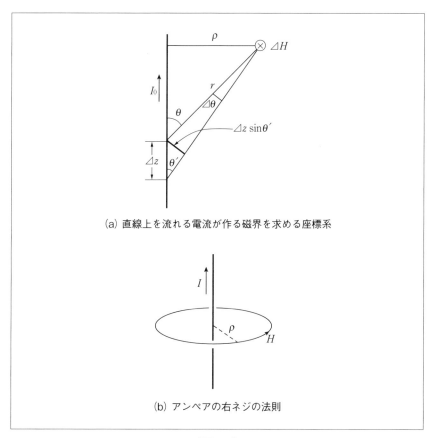

(a) 直線上を流れる電流が作る磁界を求める座標系

(b) アンペアの右ネジの法則

〔図 8.3〕

第8章 ビオ－サバールの法則

ビオ－サバールの法則から次の式が成り立つ。

$$\Delta H = \frac{I\sin\theta}{4\pi r^2}\Delta z = \frac{I\sin\theta}{4\pi\rho}\Delta\theta \quad\cdots\cdots\cdots\cdots\cdots\cdots\cdots\cdots\cdots (8.10)$$

最後の式は、図8.3 (a) からわかるように、$\Delta z\sin\theta' = r\Delta\theta$, $r\sin\theta = \rho$, $\theta' \cong \theta$ という変数変換から得られる。

式 (8.10) の第1式を z について $-\infty$ から $+\infty$ まで積分すれば、または第2式を θ について 0 から π まで積分すれば、次の電流全体が作る磁界 H が得られる。

$$H = \int_0^\pi \frac{I\sin\theta}{4\pi\rho}\,d\theta = \frac{I}{2\pi\rho} \quad\cdots\cdots\cdots\cdots\cdots\cdots\cdots\cdots\cdots (8.11)$$

これは式 (7.4) と同じだが、無限に長い直線の電流 I が作る磁界として知られている。図8.3 (b) は図6.3 と同じだが、磁界の方向に右ネジを回すと、ネジが進む方向が電流の方向になる関係にあることがわかる。

式 (8.11) の磁界は式 (8.6) から直接求めることができる[1]。図8.2 (b) と式 (8.8) に示すように、電流 I が流れるのは、電流密度 σ の線電荷が速度 v で等速度運動することを意味する。このため、図8.3 の電流は図8.4 (a) のような線電荷で表わすことができる。この線電荷は、電荷から距離 ρ の位置に次の電界 E を作るのは、前回の式 (6.3) に示した。

$$E = \frac{\sigma}{2\pi\varepsilon\rho} \quad\cdots\cdots\cdots\cdots\cdots\cdots\cdots\cdots\cdots\cdots\cdots (8.12)$$

この電界 E を表わす電気力線は、図8.4 (a) に示すように、速度 v で上方向に移動している。電界 E と速度 v の間の角度は直角だから、式 (8.6) の磁界は図8.4 (a) に示す方向にできる。その大きさは式 (8.12) を代入して、次のようになる。

$$H = \varepsilon v E = \frac{I}{2\pi\rho}, \quad I = \sigma v \quad\cdots\cdots\cdots\cdots\cdots\cdots\cdots\cdots (8.13)$$

－ 62 －

これは、ビオ−サバールの法則から求めた磁界の式 (8.11) に一致する。

図 8.3 (b) に示すように、電流 I が流れると、それをとり囲むように磁界 H ができるが、通常では電流の周りに電界はできないとしている。

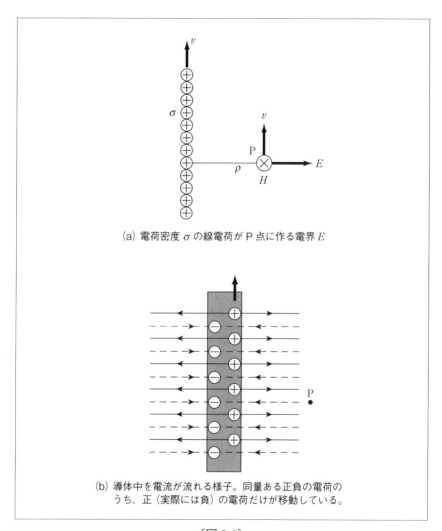

(a) 電荷密度 σ の線電荷が P 点に作る電界 E

(b) 導体中を電流が流れる様子。同量ある正負の電荷のうち、正 (実際には負) の電荷だけが移動している。

〔図 8.4〕

第8章　ビオーサバールの法則

その理由は、電流は導体を流れ、導体中には正負の電荷が同量あるためである。

図8.4 (b) は、図8.3のように周りに電界を作らないで電流が流れるときの模型図である。これは先に示した図4.3 (a) と同じだが、説明のため再びとりあげた。銅のような導体では負の電荷をもつ電子が移動するが、説明をわかりやすくするため、図8.4 (b) では正の電荷が移動するとした。正の電荷が作る電気力線を矢印のついた実線で、負の電荷が作る電気力線を点線で示した。

導体中には同量の正負の電荷があるから、これらの電気力線は互いにキャンセルして外部に電気力線を作らない。しかし、実線の電気力線だけは速度vで移動しているから、外部には図8.4 (a) と同じ磁界を作るのである。

図8.3 (b) に示すように、電流Iがまわりの空間に磁界Hを作るというのは、わかりやすいようだが、よく考えると理解しがたい現象なのである。電荷がまわりの空間に作る電界は、電界と電荷の間を電気力線で直接結びつけられる。これに対して、図8.3 (b) の電流と磁力線は接触していないため、電流と磁界は直接には結びつかないからである。

図8.4に示すように、電流は電荷の移動であり、電荷は電気力線を作る。電気力線が移動すると磁界ができると考えると、磁界ができるメカニズムを、電気力線を利用して電荷と直接結びつけることができる。

このように解釈することによって、電気現象の根元は電荷にある、とする現在の電磁気学の考え方が理解しやすくなるのである。ただし、第4章の最後にふれたが、外部に電気力線を作らないで流れる電流は特別な電流であることは、後で詳しく説明する。

- 64 -

第9章

電磁気学の本質は電荷と磁荷の相互作用

図9.1 (a) に示すように、磁界 H がある中を移動する電荷 q に働く力がローレンツ力 F だが、この磁界 H はP点にある磁荷 q_m が作るとする。電荷 q に働く力の"反作用"として、ローレンツ力 F と同じ大きさで反対方向の力が、磁荷 q_m に働くことはなっとくできるだろう。図9.1 (a) に示す空間には、電荷 q と磁荷 q_m だけが存在するとしているからである。

　磁荷 q_m に力 F が働くのは、原点にある電荷 q が移動すると磁荷 q_m のある位置に磁界 F/q_m ができることを意味している。これは磁界の定義でもある。移動する電荷が磁界を作ることから、前はビオ−サバールの法則を導出した。本章は、このような電荷と磁荷の相互作用から、電磁気学で重要な役割を果たす公式が導出できることを示す。

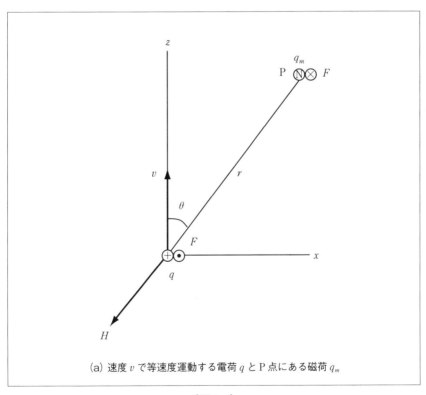

(a) 速度 v で等速度運動する電荷 q とP点にある磁荷 q_m

〔図 9.1〕

第9章 電磁気学の本質は電荷と磁荷の相互作用

第8章の復習になるが、重要なことなので再び図9.1 (a) に示す力 F の大きさを求めておく。図9.1 (a) で速度 v と磁界 H の間の角度は $\pi-\theta$ となり、$\sin(\pi-\theta)=\sin\theta$ が成り立つため、ローレンツ力の公式から $F=qv\mu H \sin\theta$ となる。この右辺の磁界 H は磁荷 q_m が作るから、$H=q_m/4\pi\mu r^2$ となり、ローレンツ力は次のように表わすことができる。

$$F = \frac{qv\sin\theta}{4\pi r^2} q_m \quad\quad\quad\quad (9.1)$$

右辺の分数の式が P 点にできる磁界 F/q_m である。

図9.1 (b) は、図9.1 (a) を z 軸の正方向に速度 v で等速度運動しなが

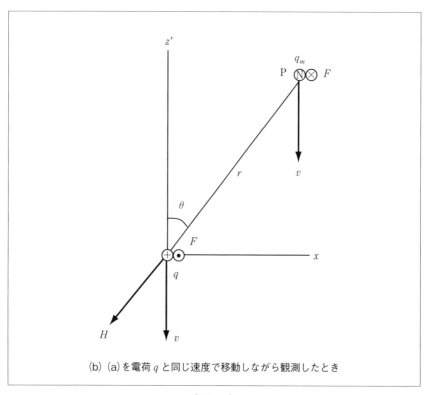

(b) (a)を電荷 q と同じ速度で移動しながら観測したとき

〔図 9.1〕

ら観測した図であり、縦方向の座標は z' とした。このような座標変換によって物理法則は変わらない、という相対性の原理から、図 9.1 の (a) と (b) の電荷と磁荷には同じ力が働くはずである。図 9.1 のように電荷と磁荷が相対運動したとき、それらの働く力から重要な公式を導出することができるのである。

図 9.2 (a) は図 9.1 (a) と同じものだが、原点にある電荷 q が作る電気

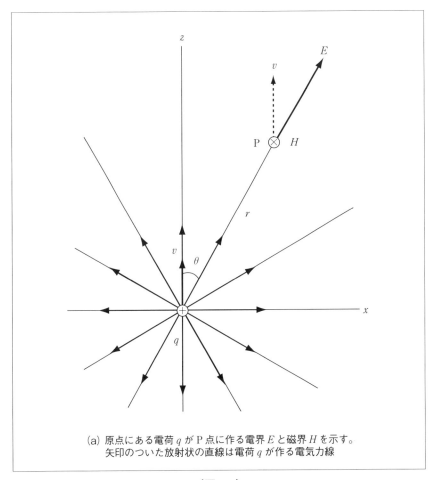

(a) 原点にある電荷 q が P 点に作る電界 E と磁界 H を示す。
矢印のついた放射状の直線は電荷 q が作る電気力線

〔図 9.2〕

第9章 電磁気学の本質は電荷と磁荷の相互作用

力線もあわせて示した。電荷 q が速度 v で上方向に移動することで、P点には式 (9.1) で F/q_m となる磁界ができるが、図 9.1 とは別に、この磁界を改めて H とおくと次のようになる。

$$H = \frac{qv\sin\theta}{4\pi r^2}$$ ·· (9.2)

図 9.2 (a) の電気力線からわかるように、クーロンの法則によって、P点には次に示す電荷 q が作る電界 E もできている。

$$E = \frac{q}{4\pi\varepsilon r^2}$$ ·· (9.3)

この電界を式 (9.2) に代入すると次の式が得られる。

$$H = \varepsilon v E \sin\theta$$ ·· (9.4)

座標の原点にある電荷 q が z 軸の正方向に速度 v で等速度運動しているのを、P点にいる人はどのように検知するだろうか。それは図 9.2 (a) の矢印のついた点線で示すように、P点にある電気力線が速度 v で等速度運動していることからわかる、とするのが自然である。

電荷がまわりの空間に及ぼす影響を表現するため、人間が考え出したものが電気力線である。たとえば、電荷が秒速 1 メートルで等速度運動すると、まわりの電気力線も同じ方向に秒速 1 メートルで移動する、というのは誰しもなっとくするだろう。

以上の考察より、式 (9.4) の速度 v は P点の電気力線の移動速度としてよい。より一般的に考えれば、P点にいる人にとって、その位置に電界 E があることだけがわかるのであって、電荷 q がこの電界を作った事実を知ることはできない。P点にいる人は、P点以外の電界の様子がわからないからである。これが近接作用の考え方である。

ベクトル積の性質を利用すると、図 9.2 (a) の P点でのベクトル $\boldsymbol{H}$、$\boldsymbol{v}$、$\boldsymbol{E}$ の方向から、式 (9.4) は次のように表わすことができる。

− 70 −

$$H = \varepsilon v \times E \quad \cdots\cdots\cdots\cdots\cdots\cdots\cdots\cdots\cdots\cdots\cdots\cdots\cdots\cdots\cdots\cdots\cdots\cdots\cdots\cdots\cdots\cdots \quad (9.5)$$

これは前回の式 (8.7) と同じだが、次のように解釈することができる。

電界 E を表わす電気力線が速度 v で移動する位置に、磁界 $H = \varepsilon v \times E$ ができる

図 9.2 (b) は図 9.1 (b) と同じで、磁荷 q_m が原点に作る磁界を H とし

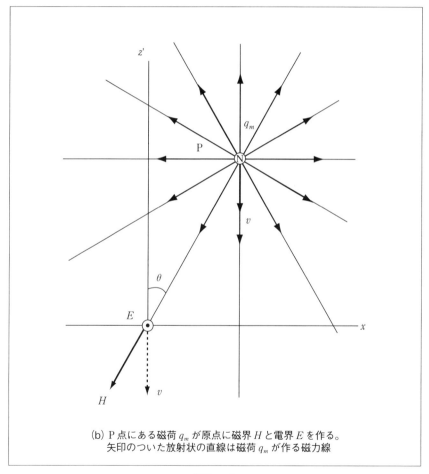

(b) P点にある磁荷 q_m が原点に磁界 H と電界 E を作る。
矢印のついた放射状の直線は磁荷 q_m が作る磁力線

〔図 9.2〕

～ 第9章　電磁気学の本質は電荷と磁荷の相互作用

ている。図 9.2 (b) には、磁荷 q_m が作る磁力線もあわせて示した。原点にある電荷 q には式 (9.1) と同じ大きさの力が働くが、磁荷 q_m と電荷 q を次のように入れ替える。

$$F = \frac{q_m v \sin\theta}{4\pi r^2} q \qquad\cdots\cdots\cdots\cdots\cdots\cdots\cdots\cdots\cdots\cdots\cdots\cdots \quad (9.6)$$

P 点にある磁荷 q_m が移動すると電荷 q に力 F が働くのは、磁荷 q_m が移動すると電荷 q のある位置に電界 F/q ができることを意味する。これは電界 E の定義でもあり、この場合には式 (9.6) から次のようになる。

$$E = \frac{q_m v \sin\theta}{4\pi r^2} \qquad\cdots\cdots\cdots\cdots\cdots\cdots\cdots\cdots\cdots\cdots\cdots\cdots \quad (9.7)$$

図 9.2 (b) の磁荷 q_m が原点に作る磁界は $H = q_m/4\pi\mu r^2$ であり、これを式 (9.7) に代入して磁荷を消去すると、次の式が得られる。

$$E = \mu v H \sin\theta \qquad\cdots\cdots\cdots\cdots\cdots\cdots\cdots\cdots\cdots\cdots\cdots\cdots \quad (9.8)$$

図 9.2 (b) で、ベクトル $\boldsymbol{E}$、$\boldsymbol{v}$、$\boldsymbol{H}$ の方向を考えると、$\boldsymbol{H} \times \boldsymbol{v} = -\boldsymbol{v} \times \boldsymbol{H}$ となるため、原点にできる電界は次のようなベクトル積で表わすことができる。

$$\boldsymbol{E} = -\mu \boldsymbol{v} \times \boldsymbol{H} \qquad\cdots\cdots\cdots\cdots\cdots\cdots\cdots\cdots\cdots\cdots\cdots\cdots \quad (9.9)$$

この式は、電荷が移動する場合と同じで、次のように解釈できる。

磁界 $\boldsymbol{H}$ を表わす磁力線が速度 $\boldsymbol{v}$ で移動する位置に、電界 $\boldsymbol{E} = -\mu \boldsymbol{v} \times \boldsymbol{H}$ ができる

後で説明するが、式 (9.5) からアンペアの法則が導出でき、式 (9.9) からファラデーの法則が導出できる。ファラデーの法則を表わす式の右辺にマイナスの符号がつくのは、図 9.1 に示すように、電荷と磁荷に働く力が "作用反作用" の関係から互いに反対方向を向くためなのである。

このように重要な式 (9.5) と式 (9.9) は、電荷と磁荷の相互作用から導出することができた。その際に必要な事実は、ビオ－サバールの法則

－ 72 －

のときと同じで、式 (9.1) のローレンツ力と磁荷に対するクーロンの法則である。次に、この磁荷に対するクーロンの法則はビオ－サバールの法則から導出できることを示す。

第10章

磁石の本質は電流ループ

正または負の磁荷は単独では存在しなく、必ず $+Q_m$ と $-Q_m$ の対の棒磁石として出現することがわかっている。小さい棒磁石は、正負の磁荷の間隔が非常に小さい場合に相当し、これを磁荷のダイポールという。まさに、N極とS極という2個（di）の極（pole）で構成されるのがダイポール（dipole）である。

　式（7.3）に示したが、磁荷 Q_m が距離 r の位置に作る磁界 H が次のようになる。

$$H = \frac{Q_m}{4\pi\mu r^2}, \quad \psi_m = \frac{Q_m}{4\pi\mu r} \quad \cdots\cdots\cdots\cdots\cdots\cdots\cdots\cdots\cdots (10.1)$$

ここでは次回に必要なため、磁荷 Q_m が作る磁位 ψ_m も求めておく。磁位がこのように表わせることは、表7.1の電気と磁気の対応関係と、式（3.3）に示した電荷 Q が作る電位が $\psi = Q/4\pi\varepsilon r$ となることからなっとくできるだろう。

　このような磁荷は単独では存在しないため、まず磁荷のダイポールを考える必要がある。z 軸上にあるダイポールを図10.1に示したが、直角

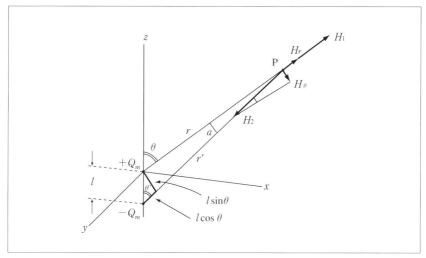

〔図10.1〕正負の磁界 $\pm Q_m$ が作る磁界 H_r と H_θ を求める座標系

∽ 第10章　磁石の本質は電流ループ

座標の原点に $+Q_m$ があり、原点から微小距離 l だけ下の位置に $-Q_m$ がある。正の磁荷が P 点に作る磁界を H_1、磁位を ψ_{m1} とし、負の磁荷が作る磁界を H_2、磁位を ψ_{m2} とする。図 10.1 の矢印でそれぞれの磁界を示した。磁界は矢印の方向を正とすると、それぞれの磁界と磁位は次のように表わすことができる。

$$H_1 = \frac{Q_m}{4\pi\mu r^2}, \quad \psi_{m1} = \frac{Q_m}{4\pi\mu r},$$

$$H_2 = \frac{Q_m}{4\pi\mu r'^2}, \quad \psi_{m2} = -\frac{Q_m}{4\pi\mu r'} \qquad\cdots\cdots\cdots\cdots\cdots\cdots\cdots (10.2)$$

　磁石は小さいとしているため、図 10.1 で $l \ll r$ となって次の式が成り立つ。このような近似式を利用するのは、遠方の電界や磁界を求めるときの常套手段である。

$$r' = r + l\cos\theta', \quad r\sin\alpha = l\sin\theta', \quad \theta' = \theta \quad\cdots\cdots\cdots\cdots\cdots (10.3)$$

　図 10.1 のダイポールが作る磁位 ψ_m は、重ね合わせの原理から $\psi_m = \psi_{m1} + \psi_{m2}$ となるが、この近似式を利用すると、次のような簡単な式で表わすことができる。

$$\psi_m = \frac{M_m\cos\theta}{4\pi\mu r^2}, \quad M_m = Q_m l \quad\cdots\cdots\cdots\cdots\cdots\cdots\cdots\cdots (10.4)$$

磁荷量 Q_m と磁荷の間隔 l の積である M_m を、磁石のモーメントという。

　磁位と異なり磁界はベクトル量だから、方向を考えて加えなければならない。ダイポールが作る磁界は、極座標の r 方向成分 H_r と θ 方向成分 H_θ で表わすのが普通である。これらの成分は、図 10.1 に示すように、H_r は H_1 と同じ方向のため次の関係がある。

$$H_r = H_1 - H_2\cos\alpha, \quad H_\theta = H_2\sin\alpha$$

これらに式 (10.2) と式 (10.3) を代入して整理すると、次の式が得られる。

－ 78 －

$$H_r = \frac{M_m \cos\theta}{2\pi\mu r^3}, \quad H_q = \frac{M_m \sin\theta}{4\pi\mu r^3} \quad \cdots\cdots\cdots\cdots\cdots\cdots\cdots (10.5)$$
$$M_m = Q_m l$$

　式 (10.5) は小さい棒磁石が作る磁界として知られている。次に、小さい電流ループも式 (10.5) と同じ磁界を作ることを、ビオ－サバールの法則を利用して証明しよう。これは磁石の本質は電流にあることを示す重要な式なので、省略しないで示しておく。

　電流ループのように、曲がって流れる電流が作る磁界を計算する場合には、ビオ－サバールの法則をベクトルで表わす方が便利である。図 10.2 はビオ－サバールの法則を表わすための座標だが、電流 I 方向の微小距離 Δs の部分が P 点に作る磁界を ΔH とし、r 方向の単位ベクトルを e_r とする。この場合には、前回の式 (8.9) に示したビオ－サバールの法則は、これらのベクトル積を用い、次のように表わすことができる。

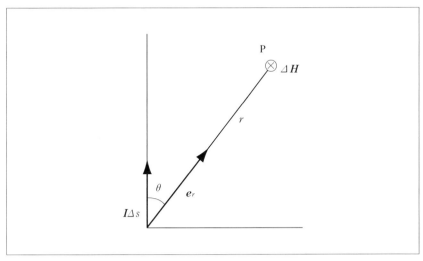

〔図 10.2〕ビオ－サバールの法則を表わすベクトル

$$\Delta H = \frac{I \times e_r}{4\pi\rho^2} \Delta s \qquad \cdots\cdots\cdots\cdots\cdots\cdots\cdots\cdots\cdots (10.6)$$

図10.3には、このビオ-サバールの法則を適用する電流ループを示した。xy面上の原点を中心とする半径aの円形の導体線に、一定の大きさの電流Iが流れる電流ループである。はじめに、Q点での微小区間Δsの電流がP点に作る磁界を求めるが、図10.2と図10.3を比較すると、式(10.6)の諸量を次のように変えればよいことがわかる。

$$I \to Ie_\varphi, \quad e_r \to e_R, \quad \Delta s \to a\Delta\varphi$$

これらのベクトルは、電流Iを除けば図に示す方向の単位ベクトルである。この結果、図10.3に示すQ点の微小区間の電流がP点に作る磁界は、次のようになる。

$$\Delta H = \frac{Ie_\varphi \times e_R}{4\pi R^2} a\Delta\varphi \qquad \cdots\cdots\cdots\cdots\cdots\cdots\cdots (10.7)$$

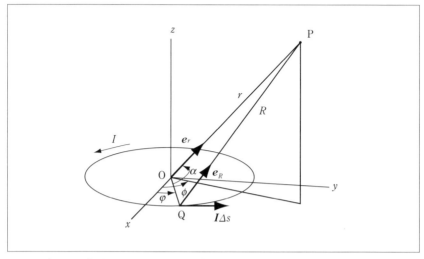

〔図10.3〕半径aの電流ループがP点に作る磁界を求める座標系

この式の右辺を φ について、次のように 0 から 2π まで積分すれば、図 10.3 の半径 a の電流ループが P 点に作る磁界 H が得られる。

$$H = aI\int_0^{2\pi} \frac{\boldsymbol{e}_\varphi \times \boldsymbol{e}_R}{4\pi R^2}\, d\varphi \quad\cdots\cdots\cdots\cdots\cdots\cdots\cdots\cdots\cdots (10.8)$$

この積分を計算するためには、単位ベクトル間の関係を知る必要がある。図 10.3 で Q 点の位置を表わす単位ベクトルは、$\boldsymbol{i}$、$\boldsymbol{j}$、$\boldsymbol{k}$ を基本単位ベクトル（x、y、z 軸方向の単位ベクトル）として次のようになる。

$$\begin{aligned} \boldsymbol{e}_\rho &= \boldsymbol{i}\cos\varphi + \boldsymbol{j}\sin\varphi, \\ \boldsymbol{e}_\varphi &= -\boldsymbol{i}\sin\varphi + \boldsymbol{j}\cos\varphi \end{aligned} \quad\cdots\cdots\cdots\cdots\cdots\cdots (10.9)$$

また、図 10.3 の三角形 OPQ に対し、三辺のベクトル和から次の式が得られる。

$$r\boldsymbol{e}_r = a\boldsymbol{e}_\rho + R\boldsymbol{e}_R \quad\cdots\cdots\cdots\cdots\cdots\cdots\cdots\cdots (10.10)$$

さらに、基本単位ベクトルと極座標の単位ベクトルの間には、次の関係がある。

$$\begin{aligned} \boldsymbol{i} &= \boldsymbol{e}_r \sin\theta\cos\phi + \boldsymbol{e}_\theta \cos\theta\cos\phi - \boldsymbol{e}_\phi \sin\phi \\ \boldsymbol{j} &= \boldsymbol{e}_r \sin\theta\sin\phi + \boldsymbol{e}_\theta \cos\theta\sin\phi + \boldsymbol{e}_\phi \cos\phi \quad\cdots\cdots\cdots (10.11) \\ \boldsymbol{k} &= \boldsymbol{e}_r \cos\theta - \boldsymbol{e}_\theta \sin\theta \end{aligned}$$

図 10.3 の PQ 間の距離 R も消去しなければならない。これは $R \gg a$（電流ループの半径）として、次のように近似するのが常套手段である。

$$r = R + a\cos a = R + a\boldsymbol{e}_r \cdot \boldsymbol{e}_\rho \quad\cdots\cdots\cdots\cdots\cdots\cdots (10.12)$$

第 2 式の単位ベクトルのスカラー積は、ベクトル間の角度 α のコサインに等しいことから出てくる。

これらの関係を利用すると、単位ベクトル $\boldsymbol{e}_\rho$, $\boldsymbol{e}_\varphi$, $\boldsymbol{e}_R$ と変数 R は、すべて極座標の単位ベクトル $\boldsymbol{e}_r$, $\boldsymbol{e}_\theta$, $\boldsymbol{e}_\phi$ で表わすことができる。たとえば、式 (10.12) の中の単位ベクトルは、式 (10.9) と式 (10.11) を利用して次

のようになる。

$$\boldsymbol{e}_r \cdot \boldsymbol{e}_r = \boldsymbol{e}_r \cdot \left(\boldsymbol{i}\cos\varphi + \boldsymbol{j}\sin\varphi \right) = \sin\theta\cos\left(\varphi-\phi\right)$$

これを式 (10.12) に代入すると、

$$R = r - A, \quad A = a\sin\theta\cos\left(\varphi-\phi\right) \quad \cdots\cdots\cdots\cdots\cdots\cdots \quad (10.13)$$

式 (10.7) のなかの単位ベクトルは、式 (10.10) の両辺に左側から $\boldsymbol{e}_\varphi$ をベクトル積して、次のようになる。

$$R\boldsymbol{e}_\varphi \times \boldsymbol{e}_R = r\boldsymbol{e}_\varphi \times \boldsymbol{e}_r - a\boldsymbol{e}_\varphi \times \boldsymbol{e}_p = r\boldsymbol{e}_\varphi \times \boldsymbol{e}_r + a\boldsymbol{k} \quad \cdots\cdots\cdots \quad (10.14)$$

最後の式は、円筒座標の単位ベクトルのベクトル積から得られる。この単位ベクトルは、式 (10.9) と式 (10.11) を利用して次のようになる。

$$\begin{aligned}
&\boldsymbol{e}_\varphi \times \boldsymbol{e}_r \\
&= \left(-\boldsymbol{i}\sin\varphi + \boldsymbol{j}\cos\varphi \right) \times \boldsymbol{e}_r \quad \cdots\cdots\cdots\cdots\cdots \quad (10.15) \\
&= \boldsymbol{e}_\theta\cos\left(\varphi-\phi\right) + \boldsymbol{e}_\phi\cos\theta\sin\left(\varphi-\phi\right)
\end{aligned}$$

式 (10.14) と式 (10.15) を式 (10.7) に代入すると、磁界 $\boldsymbol{H}$ は次のようになる。

$$H = \frac{al}{4\pi}\int_0^{2\pi} \frac{1}{R^3}\left\{ \boldsymbol{e}_\theta\, r\cos\left(\varphi-\phi\right) + \boldsymbol{e}_\phi\, r\cos\theta\sin\left(\varphi-\phi\right) \right. \\
\left. + \boldsymbol{k}a \right\}d\varphi \tag{10.16}$$

ここで $1/R^3$ は、$R \gg A$ として、式 (10.13) から次のように変形できる。

$$\begin{aligned}
\frac{1}{R^3} &= \frac{1}{\left(r - A \right)^3} \approx \frac{1}{r^3}\left(1 + \frac{3A}{r} \right) \quad \cdots\cdots\cdots\cdots\cdots \quad (10.17) \\
&= \frac{1}{r^3}\left\{ 1 + \frac{3a}{r}\sin\theta\cos\left(\varphi-\phi\right) \right\}
\end{aligned}$$

これを式 (10.16) に代入すると積分ができ、結果は次のようになる。

— 82 —

$$H = \frac{a^2 I}{4\pi}\left(2\pi k + 3\pi \sin\theta\ e_\theta\right) \quad\cdots\cdots\cdots\cdots\cdots\cdots\cdots \quad (10.18)$$

この式に、式 (10.11) の k を代入すると次の結果が得られる。

$$H = \frac{IS}{4\pi r^3}\left(2\cos\theta\ e_r + \sin\theta\ e_\theta\right),\ S = \pi a^2 \quad\cdots\cdots\cdots\cdots \quad (10.19)$$

ここで、S は電流ループの面積である。式 (10.19) を式 (10.5) と比較すると、磁石のモーメントと電流ループの間に次の関係があるときは、両者が作る磁界は完全に一致することがわかる。

$$\mu IS = M_m = Q_m l \quad\cdots\cdots\cdots\cdots\cdots\cdots\cdots\cdots\cdots\cdots \quad (10.20)$$

この式の左辺のように電流ループの面積 S を用いるのは、たとえば図 10.3 の電流ループが面積 S の長方形のときも、式 (10.19) と同じ磁界を作ることがわかっているからである。このことは参考文献 2) に示した。このように、磁石の本質はループ状に流れる電流なのである。実際の磁石は、電荷をもつ電子が自転することで電流ループを作り、これが磁気的な現象のもとになると考えられている。

第11章
磁界の積分

磁荷は必ず正負の磁荷±Q_mの対であるダイポールとして、すなわち磁石として自然界に存在する。この磁荷のダイポールが、図11.1に示すように直角座標の原点にあるとしよう。この z 軸方向を向いた小さい棒磁石が、図11.1のP点に作る磁位 ψ_m は、前章の図10.1と式 (10.4) に示したが、次のように表わすことができる。

$$\psi_m = \frac{M_m \cos\theta}{4\pi\mu r^2}, \quad M_m = Q_m l \quad \cdots\cdots\cdots\cdots\cdots\cdots (11.1)$$

　この磁石が作る磁界 $\boldsymbol{H}$ が次のように表わせることは、第7章の表7.1の電気と磁気の対応関係と、第3章の式 (3.11) に示す電界と電位の関係から納得できるだろう。

$$\boldsymbol{H} = -\mathrm{grad}\,\psi_m \quad \cdots\cdots\cdots\cdots\cdots\cdots\cdots\cdots\cdots\cdots (11.2)$$

このときの極座標で表わした磁界の r 方向成分と θ 方向成分は、スカラーの勾配の公式を式 (11.2) に適用して、次のようになる。

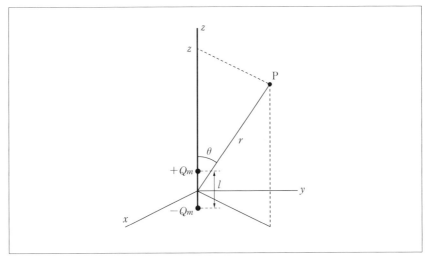

〔図11.1〕原点にある正負の磁荷の対と座標系

第11章 磁界の積分

$$H_r = -\frac{\partial \psi_m}{\partial r} = \frac{M_m \cos\theta}{2\pi\mu r^3}$$
$$H_\theta = -\frac{\partial \psi_m}{r\partial \theta} = \frac{M_m \sin\theta}{4\pi\mu r^3} \quad \cdots\cdots\cdots\cdots\cdots\cdots\cdots (11.3)$$

これは前章の式 (10.5) に示した磁界に一致している。

式 (11.2) と式に (11.3) 示すように、高さが ψ_m で表わされる磁位の山の勾配が磁界に等しい。すなわち、磁位の山の勾配が最も急で低くなる方向が磁界の方向であり、その方向の勾配が磁界の大きさに等しい。磁界を積分した値は、磁位の山を登る高さを表わすことを次に示そう。

簡単のために、図 11.1 の yz 面内の磁位を考えてみる。この場合の磁位 ψ_m は、図 11.1 からわかるように $\cos\theta = z/r$ となるため、式 (11.1) は次のように変形できる。

$$\psi_m = \frac{M_m z}{4\pi\mu r^3}, \quad r = \sqrt{y^2 + z^2} \quad \cdots\cdots\cdots\cdots\cdots\cdots (11.4)$$

図 11.2 には、この ψ_m の大きさを縦軸として、yz 面上の磁位をグラ

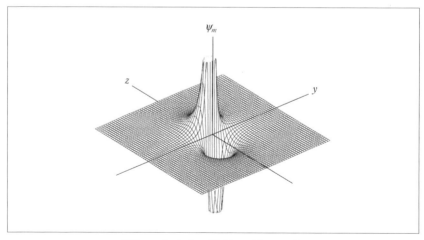

〔図 11.2〕小さい棒磁石が作る磁位

ヒックスで示したが、y と z の値をきめて式 (11.4) から ψ_m を計算した〔参考文献 1) の 54 ページ〕。図 11.1 の xy 面上（$\theta = \pi/2$）の磁位は、$\cos\theta = 0$ のため、$\psi_m = 0$ となる。この結果、図 11.2 の y 軸上での磁位は $\psi_m = 0$ となる。

図 11.1 からわかるように、z 軸上の原点の上下に正負の磁荷があるため、磁位は原点のすぐ上側では正の無限大になり、原点のすぐ下側では負の無限大になる。原点から離れてくると、磁位は $z > 0$ の上側では正から零に近づき、$z < 0$ の下側では負から零に近づく。この磁位の山を登る高さは、磁界を用いてどのように表わされるだろうか。

説明をわかりやすくするため、図 11.3 (a) の網点で示すように、磁位の高さが屋根に似た平らな斜面の場合を考えてみよう。図 11.3 (a) の縦軸を軸として、底面である yz 面からの磁位の高さを表わしている。

この磁位の斜面の高さは y 軸上で零とし、z 軸方向に向かって直線的に高くなっている。z 軸上にある P 点（座標は $z = a$, $y = 0$）での斜面上の点を P′ とし、P′ 点の高さ（P′ 点と P 点の間隔）を I とする。なお、斜面は y 軸方向には一様な形状としているため、Q 点（座標は $z = a$, $y = b$）での磁位の高さも同じ I となる。この場合の磁位の高さが次のように表わせることは、図 11.3 (a) から納得できるだろう。

$$\psi_m = \frac{I}{a} z \quad\cdots\cdots\cdots\cdots\cdots\cdots\cdots\cdots\cdots\cdots\cdots\cdots \text{(11.5)}$$

磁位の勾配が低くなる方向を磁界の正方向とするから、式 (11.5) を式 (11.2) に代入すると、yz 面上の磁界 H（この場合は負）は z 方向成分だけで次のようになる。

$$H = -\frac{\partial \psi_m}{\partial r} = -\frac{I}{a} \quad\cdots\cdots\cdots\cdots\cdots\cdots\cdots\cdots\cdots\cdots \text{(11.6)}$$

図 11.3 (b) に yz 面を示したが、この面上には z 軸の負方向を向く一様な磁界ができている。かりに図 11.3 (b) の紙面に垂直方向を x 軸とすれば、この磁界は実際の 3 次元空間に一様にできていることになる。

第11章 磁界の積分

次に、図 11.3(b) に示すように z 軸上に磁荷 q_m があり、この磁荷を原点 O から P 点まで移動するときに必要なエネルギーを求めてみよう。磁荷 q_m は磁界 H の中にあるから、力 $F=q_mH$ を受けている。

この結果、磁荷 q_m を原点 O から P 点までもってくるのに必要なエネルギー W は、力 F と距離 a の積になる。この W は、磁荷に与えるエネルギーを正とすると、マイナスの符号をつけて次のようになる。

$$W=-Fa=-q_mHa=q_mI \quad\quad\quad\quad\quad\quad\quad\quad\quad (11.7)$$

実際の空間では、磁荷は図 11.3(b) のように z 軸上にあるが、図 11.3

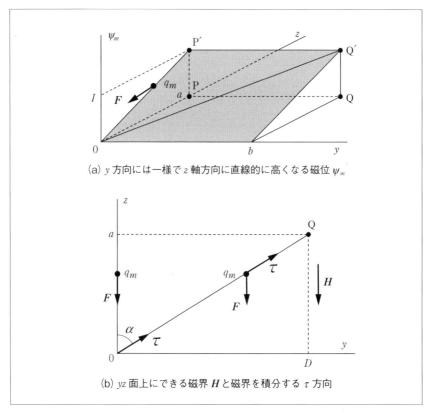

(a) y 方向には一様で z 軸方向に直線的に高くなる磁位 ψ_m

(b) yz 面上にできる磁界 H と磁界を積分する τ 方向

〔図 11.3〕

（a）では磁位の斜面上にあるように描いた。これは磁位の斜面を、実際の3次元空間の斜面とのアナロジーから理解するためである。

実際の3次元空間では、重力 mg が働いている質量 m の物体を、高さ h だけもち上げるのに必要なエネルギーは mgh であった。図 11.3（a）では、これと同じアナロジーで、磁位の斜面上で磁荷 q_m を、I だけもち上げるのに必要なエネルギーが q_mI となる。電荷 q を、電位の斜面上を V だけもち上げるのに必要なエネルギーは qV となる、というのに対応している。

それでは図 11.3（b）に示すように、磁荷 q_m を原点 O から Q 点まで移動する場合を考えてみよう。このときに必要なエネルギー W は、移動する方向に対する力の成分 $F\cos\alpha$ と、移動距離の OQ 間の長さ s との積になる。ここで、$s\cos\alpha$ であるため、W は次のようになる。

$$W = -sF\cos\alpha = -aF = q_mI \quad \cdots\cdots\cdots\cdots\cdots\cdots\cdots\cdots\cdots\cdots (11.8)$$

最後の式は式（11.7）から求めた。図 11.3（a）からわかるように、P′点と Q′点は同じ高さにあるから、磁荷を移動させるに必要なエネルギーも、式（11.7）と式（11.8）は同じになるのである。

磁界や磁荷の移動距離をベクトルで表わすと、これらのエネルギーはどのようになるかを考えてみよう。式（11.6）の磁界 H は z 軸の負方向を向いている。このため、ベクトルとしての磁界 $\boldsymbol{H}$ は、$\boldsymbol{k}$ を z 軸方向の単位ベクトルとすると、$H' > 0$ として次のように表わすことができる。

$$\boldsymbol{H} = \boldsymbol{k}H, \quad H = -I/a < \theta \quad \cdots\cdots\cdots\cdots\cdots\cdots\cdots\cdots\cdots (11.9)$$

図 11.3（b）に示すように、磁荷 q_m を原点 O から Q 点まで移動する場合、その距離を表わすベクトルは、移動する方向の単位ベクトルを τ とすると τs となる。図 11.3（b）の磁荷 q_m に働く力 F をベクトルで表わすと $\boldsymbol{F} = q_m\boldsymbol{H}$ となり、式（11.8）は次のようなスカラー積で表わすことができる。

$$W = -\boldsymbol{F} \cdot \tau s = -q_m\boldsymbol{H} \cdot \tau s \quad \cdots\cdots\cdots\cdots\cdots\cdots\cdots\cdots (11.10)$$

第11章　磁界の積分

　図 11.3 の yz 面上の P 点と Q 点での磁位 $\psi_m = I$ はとなるから、式 (11.8) は $W = q_m \psi_m$ と表わすことができる。この式は、電位 ψ の位置にある電荷 q は位置エネルギー $q\psi$ をもつことに対応している。これを式 (11.10) と比較すると、次の式が成り立つ。

$$\psi_m = -\boldsymbol{H} \cdot \tau s \quad \cdots\cdots\cdots\cdots\cdots\cdots\cdots\cdots\cdots\cdots\cdots\cdots\cdots\cdots\cdots (11.11)$$

　式 (11.8) や式 (11.10) から q_m を除くと、エネルギーの代りに磁位の高さを表わす式になることを意味している。

　図 11.3 (a) では磁位の斜面は平面であったが、斜面が曲面のときはどうなるだろうか。この場合には、yz 面上を微小距離 Δs だけ進んだとき、曲面の斜面を登る高さを $\Delta \psi_m$ とする。ここで Δs は非常に小さいとしているから、高さが $\Delta \psi_m$ だけ増加する磁位の近傍の斜面は平面と近似できる。従って、この場合も式 (11.11) が適用でき、登る高さ $\Delta \psi_m$ は次のように表わすことができる。

$$\Delta \psi_m = -\boldsymbol{H} \cdot \tau \Delta s \quad \cdots\cdots\cdots\cdots\cdots\cdots\cdots\cdots\cdots\cdots\cdots\cdots\cdots (11.12)$$

　曲面上の長い距離を移動したときは、微小距離 Δs の移動の和とすればよい。全体として磁位の斜面を登る高さ ψ_m は、式 (11.12) の和の形で表わすことができる。微小量の和を記号で表わしたのが積分だから、斜面を登る全体の高さ ψ_m は、次のような積分で表わすことができる。

$$\psi_m = -\int_C \boldsymbol{H} \cdot \tau ds \quad \cdots\cdots\cdots\cdots\cdots\cdots\cdots\cdots\cdots\cdots\cdots\cdots (11.13)$$

　積分記号の下側についた C は、積分の経路を表わしている。たとえば、図 11.3 (b) で直線 OQ を経路 C とすると、式 (11.13) は式 (11.9) を利用すると $\boldsymbol{k} \cdot \tau = \cos\alpha$、$s\cos\alpha = a$ のため、次のようになる。

$$\psi_m = -\int_O^Q \boldsymbol{H} \cdot \tau ds = -H\cos\alpha \times s = I$$

　図 11.2 に小さい棒磁石が作る磁位を示したが、この磁界の山に対して式 (11.13) の積分を適用してみよう。yz 面上の積分経路 C が閉じている場合には、全体として山を登る高さは零になる。積分の経路はもとの

－ 92 －

位置に戻るからである。従って、図 11.2 の場合には閉じた積分経路 C に対して、つねに次の式が成り立つ。

$$\int_C \boldsymbol{H} \cdot \tau ds = 0 \quad \cdots\cdots\cdots\cdots\cdots\cdots\cdots\cdots\cdots\cdots\cdots\cdots\cdots (11.14)$$

　この式は、次の節のアンペアの法則にでてくる積分の意味、および積分した値の意味を説明するときに役立つ、重要な式なのである。

第12章

ガウスの定理とアンペアの法則

磁界の積分は、磁力線の本数を求めるときにも利用されている。図12.1 (a) には、ある平面上のP点での磁界をベクトル H で示した。P点でこの平面に垂直な単位ベクトルを n とし、磁界 H と単位ベクトル n との角度を α とする。

　この面上には、この面とベクトル H と n を含む面が交わる直線を示した。網点で示すように、この直線と平面上の点線で囲まれた微小な長方形を考え、この長方形を通過する磁界の本数を求めてみよう。網点で示す微小な長方形の幅を Δs とし、それに直角方向の長さを h とすると、この長方形の面積は $\Delta S = h\Delta s$ となる。

　図12.1 (b) には、磁界 H と単位ベクトル n を含む面を示した。微小な長方形の面積 ΔS を、磁界 H に垂直な面に投影した面積は、$\Delta S = \cos\alpha$ となる。図12.1 (b) に示す直角三角形に対して、磁界 H に垂直な長さは $\Delta s \cos\alpha$ となり、他の辺の長さ h は変わらないからである。

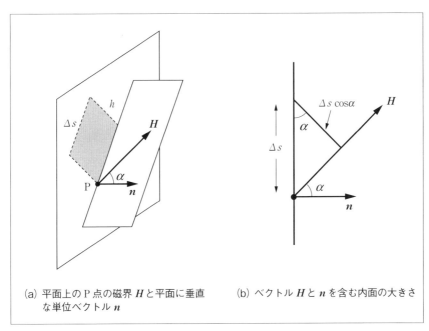

(a) 平面上のP点の磁界 H と平面に垂直な単位ベクトル n

(b) ベクトル H と n を含む内面の大きさ

〔図12.1〕

≈ 第12章 ガウスの定理とアンペアの法則

　磁力線の本数を磁力線が通過する垂直な面積で割った値は磁界の大き
さに等しい、というのは磁力線の定義でもある。従って、図12.1 (a) の
点線で囲まれた微小な長方形を通過する磁力線の本数を ΔN とすると、
これは磁界 H とそれに垂直な面積 $\Delta S = \cos\alpha$ の積となるため、次の式
が成り立つ。

$$\Delta N = H\Delta S\cos\alpha = \boldsymbol{H}\cdot\boldsymbol{n}\Delta S \quad\cdots\cdots\cdots\cdots\cdots\cdots\cdots (12.1)$$

最後の式は、ベクトルのスカラー積の定義である $\Delta\boldsymbol{H}\cdot\boldsymbol{n} = H\cos\alpha$ から
得られる。

　大きい曲面 S を通過する磁力線の本数 N は、曲面 S を微小な面積 ΔS
に分け、それぞれの微小面積を通過する磁力線の本数 ΔN の和になる。
それぞれの微小面に垂直な単位ベクトルを $\boldsymbol{n}$ とし、それぞれの微小面
上での磁界を $\boldsymbol{H}$ とすると式 (12.1) が成り立つ。これを利用すると、全
体の曲面 S を通過する磁力線の本数 N は、次のような積分で表わすこ
とができる。

$$N = \int_S \boldsymbol{H}\cdot\boldsymbol{n}\,dS \quad\cdots\cdots\cdots\cdots\cdots\cdots\cdots\cdots (12.2)$$

　これまでたびたび説明したように、磁界と磁力線の関係は電界と電気
力線の関係と全く同じである。従って、曲面 S を通過する電気力線の
本数 N は、その面上での電界を E とすると、式 (12.2) と同じ形式で次
のように表わすことができる。

$$N = \int_S \boldsymbol{E}\cdot\boldsymbol{n}\,dS \quad\cdots\cdots\cdots\cdots\cdots\cdots\cdots\cdots (12.3)$$

　この式の積分する面 S を閉じた曲面とすると、左辺の N はこの閉曲
面の内部で発生する電気力線の本数を表わす。一般に、誘電率 ε の媒
質中にある電荷 Q は $N = Q/\varepsilon$ 本の電気力線を発生する。この N を式 (12.3)
の左辺に代入して両辺に ε をかけると、電束密度は $\boldsymbol{D} = \varepsilon\boldsymbol{E}$ だから、式
(12.3) は次のように表わすことができる。

$$\int_S \boldsymbol{D}\cdot\boldsymbol{n}\,dS = Q \quad\cdots\cdots\cdots\cdots\cdots\cdots\cdots\cdots (12.4)$$

－ 98 －

右辺の電荷 Q は，閉曲面 S 内にある電荷量である。式 (12.3) や式 (12.4) が成立することを，ガウスの定理という。

次に，このガウスの定理を利用し，線電荷が速度 v で z 軸の正方向に等速度運動していると想定して，まわりの空間にできる電束密度 D と磁界 H の関係を求めてみよう。図 12.2 (a) の z 軸上 (紙面に垂直方向)

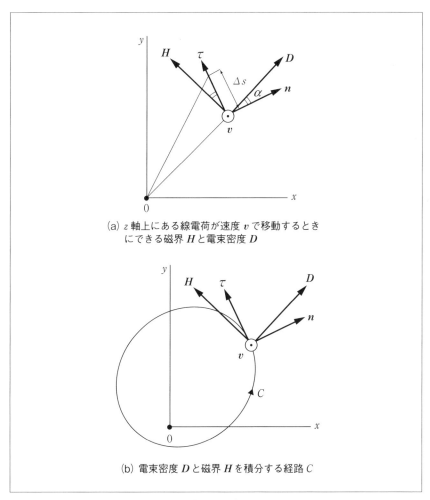

〔図 12.2〕

第12章 ガウスの定理とアンペアの法則

には、電荷密度 σ の線電荷があり、この線電荷が作る電束密度が D である。この線電荷が速度 v で z 軸の正方向等速運動するときにできる磁界が H である。図には、微小距離 Δs 方向の単位ベクトル τ も示した。

この微小距離方向の単位ベクトル τ は、微小距離 Δs に垂直方向の単位ベクトル n と速度 v の両方に直交している。これらのベクトルの方向と大きさを考慮すると、次のベクトル積が成り立つ。

$$v n = \tau \times v \quad \cdots\cdots\cdots\cdots\cdots\cdots\cdots\cdots\cdots (12.5)$$

この関係を利用すると、式（12.4）の左辺の被積分関数は次のように変形できる。

$$v D \cdot n = D \cdot (\tau \times v) = (v \times D) \cdot \tau = H \cdot \tau \quad \cdots\cdots\cdots\cdots (12.6)$$

ここで、第2式はスカラー3重積の性質から得られる。スカラー3重積は3個のベクトルを3辺とする平行六面体の体積を表わし、ベクトルの積の順序をサイクリック（順送り）に変えても体積は変わらないからである。式（12.6）の右端の式は、前回の式（9.5）などたびたび出てくる重要な式、$H = \varepsilon v \times E = v \times D$ を利用して得られる。

図 12.2 のように z 軸方向に一様な線電荷に対しては、電荷 Q と電束線が通過する微小面積 ΔS は、式（12.7）のように表わすことができる。図 11.3 (b) が図 12.2 の xy 面を表わし、図 11.3 (a) の h 方向が図 12.2 に垂直な z 軸方向に対応している。

$$\begin{aligned} &Q = \sigma h, \quad \Delta S = h \Delta s \\ &\therefore v \Delta \cdot n \Delta S = v h D \cdot n \Delta s = h H \cdot \tau \Delta s \end{aligned} \quad \cdots\cdots\cdots\cdots\cdots (12.7)$$

最後の式は、式（12.6）の両辺に Δs をかけたものである。ここで、h は z 軸方向の長さ、σ は線電荷の電荷密度である。

図 12.2 (b) には、式（12.4）のガウスの定理を適用する経路 C を示した。式（12.7）の最後の式を利用すると、式（12.4）の積分は、閉曲面内にある電荷量を $Q = \sigma h$ だから、次に示式（12.8）のすうになる。下段の式は、線電荷密度 σ とその移動速度 v の積は $I = \sigma v$、そこに流れる電流に等し

– 100 –

いことから得られる。

$$\int_C \boldsymbol{H} \cdot \boldsymbol{\tau} ds = v \int_C \boldsymbol{D} \cdot \boldsymbol{n} ds = \frac{v}{h} \int_S \boldsymbol{D} \cdot \boldsymbol{n} dS = \sigma v = I \quad \cdots\cdots\cdots\cdots (12.8)$$

　このように、磁界を閉じた経路 C について積分した値はその経路内を通過する電流に等しい、という事実をアンペアの法則という。式 (12.8) の導出過程からわかるように、アンペアの法則とガウスの定理には密接な関係がある。これは重要な事実のため、あらためてアンペアの法則とガウスの定理の関係を整理しておこう。

　はじめに、図 12.2 の z 軸上にある密度 σ の線電荷が、移動しない場合を考えてみる。この線電荷に垂直な断面内にある任意の積分経路を C とし、線電荷方向の長さが h で、積分経路を断面とする筒状の立体を考え、その側面を S とする。この筒状側面 S の上下を閉じた閉曲面内にある電荷量は σh だから、次の式が成り立つ、というのがガウスの定理である。

$$\int_S \boldsymbol{D} \cdot \boldsymbol{n} dS = \sigma h \quad \therefore \int_C \boldsymbol{D} \cdot \boldsymbol{n} ds = \sigma \quad \cdots\cdots\cdots\cdots\cdots\cdots\cdots (12.9)$$

　第 2 式は、積分経路上の微小距離を ds とすると側面の微小面積は $dS = h\, ds$ となること、および筒状側面 S を閉じた上下の面を電気力線は通過しないことから得られる。なお、$\boldsymbol{n}$ は筒状側面 S に垂直な単位ベクトルであり、積分経路 C に垂直な単位ベクトルでもある。

　線電荷 σ が速度 v で等速度運動しても式 (12.9) は成り立つ。等速度運動しても物理法則は変化しないからである。この場合の速度 v は定数だから、これを式 (12.9) の第 2 式の両辺にかけると、次の式が得られる。

$$\int_C v\boldsymbol{D} \cdot \boldsymbol{n} ds = v\sigma \quad \cdots\cdots\cdots\cdots\cdots\cdots\cdots\cdots\cdots (12.10)$$

　積分経路方向の単位ベクトルを $\boldsymbol{\tau}$ とし、速度をベクトル $\boldsymbol{v}$ で表わすと、これらの 3 個のベクトル $\boldsymbol{n}$、$\boldsymbol{\tau}$、$\boldsymbol{v}$ はすべて垂直になることがわかる。ベクトルの方向とベクトル積の性質から、式 (12.5) と同じで次の式が成り立つ。

－ 101 －

第12章 ガウスの定理とアンペアの法則

$$v\boldsymbol{n} = \boldsymbol{t} \times \boldsymbol{v}$$

これを式 (12.10) の左辺の被積分関数に代入すると、次のように変形できる。

$$v\boldsymbol{D} \cdot \boldsymbol{n} = \boldsymbol{D} \cdot \left(\tau \times \boldsymbol{v}\right) = \tau \cdot \left(\boldsymbol{v} \times \boldsymbol{D}\right) = \tau \cdot \boldsymbol{H}$$

これを式 (12.10) に代入すると、$\sigma v = I$ となるため次の結果が得られる。

$$\int_C \boldsymbol{H} \cdot \tau ds = I \quad \cdots\cdots\cdots\cdots\cdots\cdots\cdots\cdots\cdots\cdots\cdots\cdots \quad (12.11)$$

これがよく知られたアンペアの法則であり、2次元の場合ではあるが、ガウスの定理から導出することができた。なお、図 12.2 (b) の積分経路 C を通過する電束線の総数を Φ_e[本] とすると、式 (12.11) は次のように表わすこともできる。

$$\int_C \boldsymbol{H} \cdot \tau ds = \frac{d\Phi_e}{dt} \quad \cdots\cdots\cdots\cdots\cdots\cdots\cdots\cdots\cdots\cdots\cdots \quad (12.12)$$

図 12.2 (b) の原点を単位時間に通過する電荷量は、電流の大きさ $I = \sigma v$ に等しいが、原点を通過する電荷の総量を $Q[C]$ とする。電荷 $Q[C]$ は Q[本] の電束線を発生するから $\Phi_e = Q$ となり、単位時間に積分経路 C を通過する電束線は σv [本] となる。電流 I は電荷 Q の時間微分で表わされることから次の式が成り立ち、式 (12.12) が得られる。

$$I = \frac{dQ}{dt} = \frac{d\Phi_e}{dt} \quad \cdots\cdots\cdots\cdots\cdots\cdots\cdots\cdots\cdots\cdots \quad (12.13)$$

最後に、式 (12.11) の意味を考えてみる。式 (11.13) に示すように、式 (12.11) の左辺の積分は磁位の斜面を登る高さを表わしている。式 (8.11) などに示した直線の電流 I が作るの磁界 H は、円筒座標の ϕ 方向を向き、大きさは $H = I/2\pi\rho$ となる。このときの磁位は次のようになればよい〔参考文献 2) の 164 ページ〕。

$- 102 -$

$$\psi_m = -\frac{I}{2\pi}\phi, \quad \therefore H_\phi = -\frac{\partial \psi_m}{\rho \partial \phi} = \frac{I}{2\pi\rho} \quad \cdots\cdots\cdots\cdots\cdots \quad (12.14)$$

　右側の第2式は、第1式を式 (11.2) に代入し、円筒座標の勾配の公式から得られる。これは、これまでにたびたび出てきた磁界である。この場合の磁位の高さを図 12.3 に示したが、1段の高さが電流 I に等しいらせん階段になることがわかる。式 (12.14) で ϕ を $0 \sim 2\pi$ まで増加すると、階段は $0 \sim I$ だけ低くなるからである。

　式 (12.11) の左辺の積分値は、このらせん階段を上り下りする高さを表わしている。積分経路 C が図 12.2 (b) のように z 軸を囲めば、らせん階段を I だけ登ったことになる。積分経路 C が z 軸を囲まないときは、らせん階段の元の位置に戻るから、磁位の山を登る高さは零になる。アンペアの法則を表わす式 (12.11) は、このように解釈することができるのである。

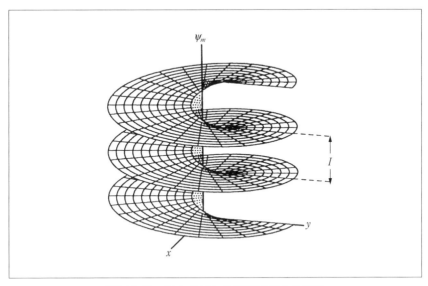

〔図 12.3〕z 軸上を流れる電流 I が作る磁位

第13章
アンペアの法則とファラデーの法則

直線の線電荷が作る2次元の電束密度に対してガウスの定理を適用し、アンペアの法則を導出する方法は前回に示した。すなわち、z軸上にある無限に長い線電荷が、z軸の正方向に速度vで等速度運動するとして導出した。ただし、無限に長い直線の線電荷が作る2次元の電界や磁界は、いわば例外的な電界や磁界である。

　無限に長い線電荷は非現実的としても、このように理想化することによって、アンペアの法則がガウスの定理から簡単に導出できることがすばらしい。ガウスの定理の物理的な意味は、「閉曲面から流れ出す水量は、閉曲面内にある水の湧出口から出る水量に等しい」というのと同じで、誰もが納得しやすい事実だからである。

　今回は3次元の電界や磁界に対して、アンペアの法則を導出してみよう〔参考文献1）の85ページ〕。図13.1（a）に示すように、曲線の線電荷が、その曲線の方向にそって移動した場合を考えてみる。これは曲がった導体線に流れる電流に相当する。この電流がP点に作る磁界Hを

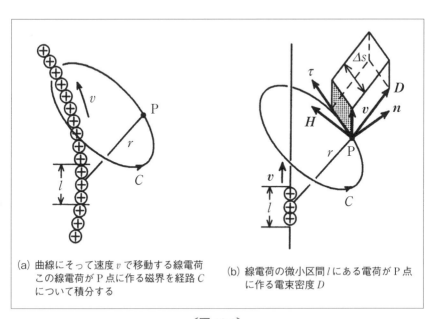

(a) 曲線にそって速度vで移動する線電荷　この線電荷がP点に作る磁界を経路Cについて積分する

(b) 線電荷の微小区間lにある電荷がP点に作る電束密度D

〔図13.1〕

第13章　アンペアの法則とファラデーの法則

求め、この磁界を経路 C にそって積分するのである。

　この場合、図 13.1 (a) の全体の線電荷が P 点に作る電束密度に注目すると、P 点での電束線の移動速度は簡単に決まらない。線電荷は曲がっているため、各電荷は P 点に対して異なる速度で移動しているからである。この結果、これまでたびたび出てきた、次の式を利用して P 点の磁界を求めることはできない。

$$H = v \times D \quad \text{……………………………………………} (13.1)$$

　この解決策として、図 13.1 に示すように長い線電荷を微小区間 l に分割して考えれば、微小区間内にある電荷は、すべて同じ方向に移動するとしてよい。微小長の線電荷が移動するときは、線電荷が作る電束線の移動速度は電荷の移動速度と同じになる。長い線電荷は、微小区間の線電荷の重ね合わせとして扱えばよい。

　この理由は、微小区間で成り立つ式は、その重ね合わせである長い線電荷が作る磁界にも、図 13.1 の経路 C に対する積分が適用できるからである。微小区間の電流が作る磁界をビオーサバールの法則から求め、その重ね合わせを電流全体が作る磁界とするのと同じである。

　この場合、図 13.1 (a) の曲がって流れる電流が、積分経路 C 内を通過するかどうかはわからない。そのため、ここではアンペアの法則を表わす式として、右辺が電流 I ではなく、前回の式 (12.12) に示した次の式を導出する。

$$\int_c H \cdot \tau ds = \frac{d\Phi_e}{dt} \quad \text{……………………………………} (13.2)$$

この式の右辺が電流 I になるアンペアの法則については、次の節で詳しく説明する。

　図 13.1 (b) では、電荷密度 σ をもつ線電荷の微小区間 l の部分が、線電荷の接線方向である z 軸方向に速度 v で移動するとしている。図に示すように、この電荷が P 点に作る電束密度を D とする。この結果、P 点での電束線が速度 v で z 軸方向に移動するため、式 (13.1) に従う磁

－ 108 －

界 H ができるとしてよい。

　これらの量をベクトルとして図 13.1 (b) に示した。電束密度 D は電荷の位置から見て放射方向を向き、電束線の移動速度 v は、電荷の移動速度と同じで z 軸の正方向を向いている。式 (13.1) のベクトル積の性質から、磁界 H はベクトル D と v を含む面に垂直の方向を向いている。

　図 13.1 (b) の P 点で経路 C に接線方向の単位ベクトルが τ であり、この方向の微小距離を Δs とする。ベクトル τ と v の両方を含む面を網点で示した。この網点の面積を ΔS とし、この面に垂直方向の単位ベクトルを n とする。この場合には、網点の平行四辺形の面積として次の式が成り立つ。

$$n\Delta S = \tau\Delta s \times v \quad\cdots\cdots\cdots\cdots\cdots\cdots\cdots\cdots\cdots\cdots\cdots (13.3)$$

　これらの関係を利用すると、図 13.1 (b) の網点の面を通過する電束線の本数 $\Delta\Phi_e$ は、式 (4.34) と同じで次のように表わすことができる。

$$
\begin{aligned}
\Delta\Phi_e &= D\cdot n\Delta S = D\cdot(\tau\Delta s \times v) \\
&= (v\times D)\cdot\tau\Delta s = H\cdot\tau\Delta s
\end{aligned}
\quad\cdots\cdots\cdots\cdots\cdots\cdots (13.4)
$$

下段の第 1 式は、このスカラー 3 重積が図 13.1 (b) に示す平行六面体の体積を表わすことから得られ、最後の式は式 (13.1) から得られる。

　式 (13.4) の $\Delta\Phi_e$ は、経路 C のうち微小長 Δs の部分を、単位時間に通過する電束線の本数を表わしている。ある時間に P 点を通過する電束線は、単位時間の後には距離 v だけ上方向（網点の面の上側）に移動しているからである。

　図 13.1 (b) の経路 C を単位時間に通過する電束線の本数は、式 (13.4) の微小区間を通過する本数の経路 C 全体での和とすればよく、式 (13.4) の積分で表わすことができる。経路 C 上を通過する電束線の全本数を Φ_e とすると、単位時間に通過する電束線の本数は、Φ_e の時間微分で表わすことができるため、式 (13.2) と同じで次の結果が得られる。

第13章 アンペアの法則とファラデーの法則

$$\int_S \boldsymbol{D} \cdot \boldsymbol{n} dS = \int_C \boldsymbol{H} \cdot \boldsymbol{\tau} ds = \frac{d\Phi_e}{dt} \quad \cdots\cdots\cdots\cdots\cdots\cdots\cdots (13.5)$$

第1式の左辺の面積積分は、図13.1 (b) の網点で示した微小面を通過する電束線の本数を、経路 C の全体で加えることを意味している。式 (13.5) の値が単位時間に経路 C を通過する電束線の本数を表わす、という点では前の式 (12.12) に示した2次元の場合と同じであり、同じ式が3次元の場合にも成り立つことがわかる。

次に、まったく同じ方法でファラデーの法則を導出してみよう。第9章の図9.2 に示すように、相対運動する電荷と磁荷の相互作用から、式 (13.1) に対応して式 (9.9) に示した次の式が得られた。

$$\boldsymbol{E} = -\mu \boldsymbol{v} \times \boldsymbol{H} = -\boldsymbol{v} \times \boldsymbol{B} \quad \cdots\cdots\cdots\cdots\cdots\cdots\cdots (13.6)$$

式 (13.1) と図13.1 (b) を利用して式 (13.2) のアンペアの法則が得られたが、これと全く同じ方法で式 (13.6) と図13.2 を利用する。さきに

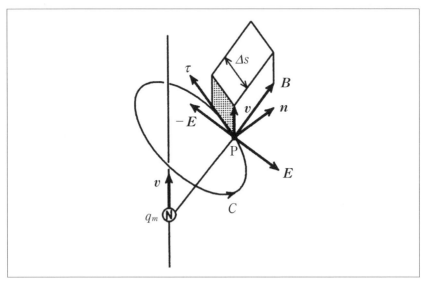

〔図13.2〕速度 v で移動する磁荷 q_m が P 点に作る磁束密度 B と電荷 E

出てきた図 9.2（b）を図 13.1（b）のように書き改めたのが、図 13.2 である。原点にある磁荷 q_m が速度 v で z 軸の正方向に移動するとき、式（13.6）に従って P 点にできる磁束密度 $\boldsymbol{B}$ と電界 $\boldsymbol{E}$ を示した。

　図 13.1（b）と図 13.2 を比較すると、図 13.1（b）の磁界 H と電束密度 D を、それぞれ $\boldsymbol{H} \rightarrow -\boldsymbol{E}, \boldsymbol{D} \rightarrow \boldsymbol{B}$ とすれば図 13.2 に一致することがわかる。この場合、電束は磁束に対応するため、表 4.1 に示すように $\boldsymbol{\Phi}_e \rightarrow \boldsymbol{\Phi}$ としなければならない。この結果、式（13.2）は次のようになる。

$$\int_c \boldsymbol{E} \cdot \tau ds = -\frac{d\Phi}{dt} \quad \text{..} (13.7)$$

　これがファラデーの法則として知られた式である。式（13.2）と異なり右辺にマイナスの符号がついている。これは相対運動する電荷と磁荷には、作用反作用の関係で、互いに反対方向の力が働くからである。これは図 13.1（b）と図 13.2 からわかるように、磁界 $\boldsymbol{H}$ と電界 $\boldsymbol{E}$ が反対方向になることから理解できるだろう。

　式（12.11）のアンペアの法則では右辺は電流 I になるが、これに対応するファラデーの法則は存在しない。その理由は、前に示したように、磁荷の本質は電流ループであり、電流ループは大きさが同じ正負の磁荷の対、すなわち磁荷のダイポール（小さい棒磁石に同じ）に等しいためである。

　たとえば、導体内を流れる電流では、第 8 章の図 8.4（b）に示すように、正負の電荷のうち片方だけが移動している。これに対して磁荷の場合には、正負の磁荷が対になって移動しなければならないから、磁荷の和は零となり、全体として磁荷が移動したことにはならない。電流に対応する "磁流" は存在しないのである。

　図 13.2 では簡単のために正の磁荷が等速度運動するとしたが、実際には磁荷のダイポールが移動するとしなければならない。この場合には P 点にできる磁束密度は、ダイポールが作る磁束密度になるが、P 点での磁束線の移動速度はダイポールの移動速度に等しいことは納得できるだろう。

－ 111 －

第13章 アンペアの法則とファラデーの法則

　実は、アンペアの法則とファラデーの法則は、電磁気学のなかで中心的な役割を果たす法則である。後に説明するが、アンペアの法則とファラデーの法則からマックスウェルの方程式が導出でき、電気に関する現象がなぜ起こるかなどは、すべてマックスウェルの方程式から説明できるのである。

　このように重要なアンペアの法則とファラデーの法則は、それぞれ式 (13.1) の $H = v \times D$ と、式 (13.6) の $E = -v \times B$ から導出できた。これらの式は、相対運動する電荷と磁荷に働く力から得られるが、この力はローレンツ力が基になっている。クーロン力とローレンツ力は、電磁気学に出てくる基本的な力ということができる。

　ファラデーの法則を、電磁誘導の法則ということもある。磁力線が移動する位置に電界ができることを電磁誘導という。これに対して、電気力線が移動する位置にできる磁界に関するのがアンペアの法則である。従って、全く同じ対応関係にあるアンペアの法則を、"磁電誘導の法則"と考えることもできる。

- 112 -

第14章
電気力線がないときのアンペアの法則

電束線が移動すると磁界ができること（$H = v \times D$）からアンペアの法則を導出し、磁束線が移動すると電界ができること（$E = -v \times B$）からファラデーの法則を導出した。電気に関する現象を説明するには、この2個の法則で十分なのだが、$E = 0$ のときに成り立つ、よく知られたアンペアの法則がある。すなわち、定常電流が作る磁界に対するアンペアの法則である。

定常電流とは大きさが時間的に変化しない電流である。まわりに電気力線ができないにもかかわらず、つねに同じ大きさで流れている定常電流の唯一の実例が、磁石を作る電流ループである。磁石は、大昔から安定して存在している。

図14.1のように伝送線路に負荷抵抗と電池を接続した回路には、大きさ一定の電流が流れるが、電源があるため必ず電気力線が発生する。このように電気力線があるときの磁界は、式 (13.1) または式 (13.2) のアンペアの法則から求めることができる。

電気力線を作らないで流れる定常電流は、ループ状に流れなければならない。かりに両端が開放された導体線に大きさ一定の電流が流れるとすると、電荷保存の法則から、両端には正負の電荷が蓄積され、電気力線が発生するとともに定常状態は保てないからである。本節では、ループ状に流れる定常電流が作る磁界に対するアンペアの法則を導出する。

正負の磁荷 $\pm Q_m$ が微小間隔 r で直角座標の z 軸上にある。この小さい棒磁石が座標の原点にあるとき、極座標で表わした磁位が次のようになることは、第11章の式 (11.1) あるいは第10章の式 (10.4) に示した。

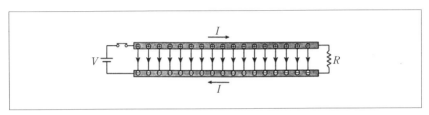

〔図14.1〕送電線に接続する電圧 V の電池と抵抗 R

$$\psi_m = \frac{M_m \cos\theta}{4\pi\mu r^2},\ M_m = Q_m l \quad \cdots\cdots\cdots\cdots\cdots\cdots\cdots\cdots\cdots (14.1)$$

次に、この小さい棒磁石が密着して横方向（xy 面上）に並んだもの、すなわち板磁石を考えてみる。図 14.2 の xy 面上の原点を中心として、2 辺の長さが $2a$ と $2b$ の長方形の板磁石がある。網点で示した微小面積 ΔS（図をわかりやすくするため大きいが）は板磁石の一部を表わしている。

この板磁石の上下の面には正負の面磁荷があり、それらの面積密度を $\pm\sigma_m$[Wb/m^2] とする。面積は非常に小さいとしているから、この部分の磁荷は $\pm Q_m = \pm\sigma_m \Delta S$[Wb] となる。この面積上にある磁荷が図 14.2 の P 点に作る磁位 $\Delta\psi_m$ は、z 軸からの角度を α としているため、式 (14.1) から次のようになる。

$$\Delta\psi_m = \frac{\sigma_m l \Delta S \cos\alpha}{4\pi\mu r^2} \quad \cdots\cdots\cdots\cdots\cdots\cdots\cdots\cdots (14.2)$$

図 14.2 からわかるように、角度 α は、面積 ΔS の面に垂直な方向と P 方向（r 方向）との間の角である。このため $\Delta S\cos\alpha$ は、P 点から網点

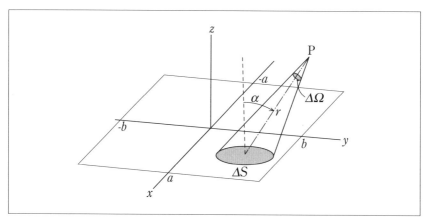

〔図 14.2〕長方形（2 辺の長さは $2a, 2b$）の板磁石上の微小面積 ΔS の部分が点 P に作る磁位を求める座表系

の面を見たときの面積の大きさに等しい。P 点からこの面を見たとき、見える面積を面までの距離の 2 乗で割った値を立体角という。この場合の立体角を $\Delta\Omega$ とすると、立体角の定義から次のようになる。

$$\Delta\Omega = \frac{\Delta S \cos\alpha}{r^2} \quad \cdots\cdots\cdots\cdots\cdots\cdots\cdots\cdots\cdots\cdots \quad (14.3)$$

たとえば、半径 r の球の表面積は $S = 4\pi r^2$ になるから、球の中心から球の表面全体を見た立体角（全方向を見た立体角）は $\Omega = S/r^2 = 4\pi$ となり、半球を見たときの立体角は 2π となる。ここで、式 (14.3) を式 (14.2) に代入すると、磁位は次のようになる。

$$\Delta\psi_m = \frac{\sigma_m l}{4\pi\mu}\Delta\Omega = \frac{I}{4\pi}\Delta\Omega, \;\; I = \frac{\sigma_m l}{\mu} \quad \cdots\cdots\cdots\cdots\cdots\cdots \quad (14.4)$$

第 1 式の右辺の係数 $\sigma_m l/4\pi\mu$ は定数であるため、面積 ΔS の部分の板磁石が P 点に作る磁位 $\Delta\psi_m$ は、P 点からこの部分のを見た立体角 $\Delta\Omega$ だけで決まることがわかる。また、式 (14.4) の第 2 式では定数を $\sigma_m l/\mu = I$ とおいた。この理由は第 10 章の式 (10.20) に示したように、モーメント M_m の磁石と電流 I が流れる面積 ΔS の電流ループは、次の条件を満足するとき、全く同じ磁界を作るからである。

$$\mu I \Delta S = M_m = \sigma_m l \Delta S, \quad \therefore I = \sigma_m l/\mu \quad \cdots\cdots\cdots\cdots\cdots\cdots \quad (14.5)$$

図 14.2 の網点の部分にある磁石が作る磁界は、網点の周囲を式 (14.5) を満足する電流 I が流れたときにできる磁界と全く同じなのである。

図 14.2 の xy 面上にある長方形の板磁石が P 点に作る磁位 ψ_m は、重ね合わせの原理から、微小面積 ΔS の部分が作る磁位の和となる。式 (14.4) からわかるように、幸いなことに係数 $I/4\pi$ は定数だから、立体角 $\Delta\Omega$ だけの和をとればよい。

P 点から長方形の板磁石全体を見た立体角を Ω とすると、板磁石が P 点に作る磁位 ψ_m は次のような簡単な式になる。

－ 117 －

$$\psi_m = \frac{I}{4\pi}\Omega \quad\cdots\cdots\cdots\cdots\cdots\cdots\cdots\cdots\cdots\cdots\cdots\cdots\cdots\cdots\cdots\cdots\cdots\cdots\cdots \quad (14.6)$$

このように、図 14.2 の板磁石が P 点に作る磁位を求めるには、P 点から板磁石全体を見た立体角を計算すればよい。細かい計算法は省略するが、数値計算した図 14.2 の yz 面上の磁位 ψ_m を縦軸として、図 14.3 にグラフィックスで示した。

図 14.2 からわかるように、y 軸上の $-b < y < b$ の範囲と $z = 0$ の位置に板磁石がある。このため、図 14.3 の z 軸の正側と負側の間に磁位のギャップがある。このギャップの大きさは、式 (14.5) を満足する電流 I に等しいのである。これらの事実は参考文献 2) の 141 ページに詳述されている。

次に、小さい電流ループが作る磁位の和は、大きい電流ループが作る磁位になることを示そう。図 14.4 (a) に、電流 I が流れる面積 $\Delta S = \Delta x \Delta y$ の微小な電流ループを示した。この電流ループが作る磁位は、式 (14.5) で説明したように、図 14.2 の板磁石で面積 ΔS の小さな板磁石が作る磁位でもある。

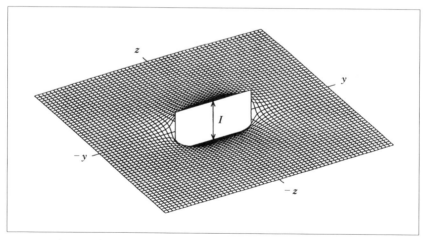

〔図 14.3〕図 14.2 の xy 面上にある板磁石が yz 面に造る磁位

大きな板磁石が作る磁位は、微小面積 ΔS の板磁石が作る磁位の重ね合わせから求めた。この方法と全く同じようにして、図 14.4 (a) の小さな電流ループを横に重ね合わせたものが図 14.4 (b) である。

　隣接する小さな電流ループを密着させると、互いに反対方向に流れる電流が作る磁界は、完全に打ち消し合う。このため、電流ループが密着したこの部分には、電流が流れていないのと同じ状況になり、図 14.4 (b) と図 14.4 (c) は全く同じ磁界を作るのである。電流ループの数を増やしてこの操作をくり返すと、大きな板磁石が作る磁位は、その板磁石の周囲の端部を流れる電流ループが作る磁位と同じになることがわかる。

　さて、前回の式 (11.13) などたびたび説明したように、アンペアの法則の左辺の積分は磁位の山を降りる高さを表わしている。この場合の積分は、図 14.2 の yz 面上で z の正側を出発して、z の負側まで右回りに一周するのを積分経路 C とする。

　この積分経路 C を図 14.3 の磁位の山に対応させると、z の正側から出

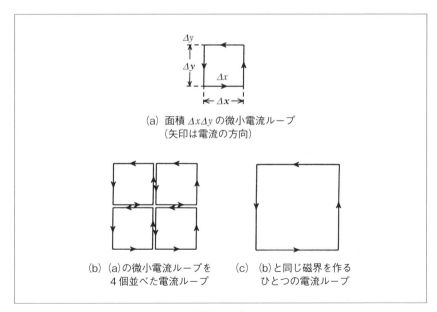

〔図 14.4〕

第14章　電気力線がないときのアンペアの法則

発し右回りに一周して z の負側まで降りるから、降りる高さは I となる。この結果、次の式が成り立つ。

$$\int_c \boldsymbol{H} \cdot \tau ds = I \quad \cdots\cdots\cdots\cdots\cdots\cdots\cdots\cdots\cdots\cdots\cdots\cdots\cdots\cdots \quad (14.7)$$

この積分経路 C が、板磁石のある y 軸上の $-b < y < b$ の範囲を通過しないで、すなわち電流ループと鎖交しないで一回りするとしよう。この場合は、図 14.3 からわかるように磁位の山は滑らかで、もとに位置に戻るから降りる高さはゼロとなり、次の式が成り立つ。

$$\int_c \boldsymbol{H} \cdot \tau ds = 0 \quad \cdots\cdots\cdots\cdots\cdots\cdots\cdots\cdots\cdots\cdots\cdots\cdots\cdots\cdots \quad (14.8)$$

式（14.7）と式（14.8）が定常電流に対するアンペアの法則である。これまでは板磁石は平面としてきたが、板磁石が曲面の場合にも以上の諸式は成り立つのである。図 14.2 の P 点から板磁石を見た立体角は、P 点と板磁石の間の距離 r に依存しないからである。また、図 14.3（b）の互いに反対方向に流れる電流が作る磁界は、電流が平面上になくてもキャンセルするからである。

－ 120 －

第15章

ポテンシャルと交流理論

電気に関する現象を説明するために考えられた電圧や電流、さらに電界や磁界はどのような性質をもつか、これらの量はどのような法則に支配されているか、などをこれまでに説明してきた。この講座も終盤に近づき、電磁波はどのように発生するかを説明する段階にきた。

今回は、そのため電磁波の解析に利用されているポテンシャルから始めることにしよう。図 15.1 (a) に示すように、直角座標の原点にある電荷 q が、次の電位 ψ と電界 E を P 点に作ることは、これまでにたびたび説明した。

$$\psi = \frac{q}{4\pi\varepsilon r}, \quad E = -\mathbf{grad}\,\psi \quad \cdots\cdots\cdots\cdots\cdots\cdots\cdots\cdots (15.1)$$

この電荷 q が、図 15.1 (b) に示すように z 軸の正方向に速度 v で等速度運動した場合には、P 点に次の磁界 H と磁束密度 B ができることも、これまでにたびたび出てきた〔参考文献 1) の 70 ページ〕。

$$B = \mu H = \mu\varepsilon v \times E \quad \cdots\cdots\cdots\cdots\cdots\cdots\cdots\cdots (15.2)$$

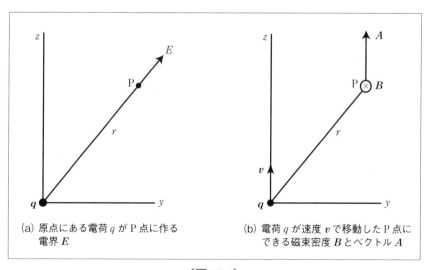

(a) 原点にある電荷 q が P 点に作る電界 E

(b) 電荷 q が速度 v で移動した P 点にできる磁束密度 B とベクトル A

〔図 15.1〕

第15章　ポテンシャルと交流理論

次に、式 (15.1) の電位 ψ と式 (15.2) の速度 v を用いて、次のように定義される新たなベクトル A を考えてみる〔参考文献 2) の 153 ページ〕。

$$A = \mu \varepsilon \psi v \quad \cdots\cdots\cdots\cdots\cdots\cdots\cdots\cdots\cdots\cdots\cdots\cdots\cdots \quad (15.3)$$

図 15.1 (b) に示すように、速度 v は z 軸の正方向を向くから、$v = kv$（k は z 方向の単位ベクトル）と表わすことができる。この結果、式 (15.3) は次のように表わすことができる。

$$A = k\varphi, \ \varphi = \mu \varepsilon v \psi \quad \cdots\cdots\cdots\cdots\cdots\cdots\cdots\cdots\cdots\cdots \quad (15.4)$$

等速度運動だから v は定数であり、右辺の φ と ψ だけが場所の関数になる。直角座標に対するベクトルの回転の公式に式 (15.4) のベクトル A を代入すると、基本単位ベクトルを i、j、k として次のようになる。

$$\begin{aligned} \mathrm{rot}\,A &= i\frac{\partial \varphi}{\partial y} - j\frac{\partial \varphi}{\partial x} \\ &= -k \times \left(i\frac{\partial \varphi}{\partial x} + j\frac{\partial \varphi}{\partial y} \right) = -k \times \mathrm{grad}\,\varphi \end{aligned} \quad \cdots\cdots\cdots \quad (15.5)$$

下段の式は、単位ベクトルのベクトル積 $k \times i = j$, $k \times j = -i$ から得られる。最後の $\mathrm{grad}\,\varphi$ は勾配の定義式だが、これに式 (15.4) の第 2 式と式 (15.1) の第 2 式を代入すると、$\mu \varepsilon v$ は定数のため、次のようになる。

$$\mathrm{grad}\,\varphi = \mu \varepsilon v\,\mathrm{grad}\,\psi = -\mu \varepsilon v E$$

これを式 (15.5) の最後の式に代入すると、$kv = v$ であるため、式 (15.5) は式 (15.2) の磁束密度 B に等しく、次の式が得られる。

$$B = \mathrm{rot}\,A \quad \cdots\cdots\cdots\cdots\cdots\cdots\cdots\cdots\cdots\cdots\cdots\cdots \quad (15.6)$$

これが磁束密度 B とベクトルポテンシャル A の関係を表わす式である。

ベクトルポテンシャルの具体的な式は、式 (15.1) の第 1 式を式 (15.3) に代入して、次のように表わすことができる。

— 124 —

$$A = \frac{\mu q \boldsymbol{v}}{4\pi r} \quad \cdots\cdots\cdots\cdots\cdots\cdots\cdots\cdots\cdots\cdots\cdots\cdots\cdots\cdots \quad (15.7)$$

これは図 15.1 (b) に示すように、速度 $\boldsymbol{v}$ で移動する電荷 q が原点を通過するとき、P 点に作るベクトルポテンシャルである。

第 8 章のビオ－サバールの法則を導出するときは、式 (8.8) を利用した。これは、電荷 q を電荷密度 σ の線電荷の微小間隔 l にある電荷量 $q = \sigma l$ に等しいとし、電荷密度 σ の線電荷が速度 v で移動すると電流 $I = \sigma v$ になる、という次の式である。

$$q \boldsymbol{v} = \sigma l \boldsymbol{v} = I l \quad \cdots\cdots\cdots\cdots\cdots\cdots\cdots\cdots\cdots\cdots\cdots\cdots\cdots \quad (15.8)$$

これを式 (15.6) に代入すると、次の式が得られる。

$$A = \frac{\mu I l}{4\pi r} \quad \cdots\cdots\cdots\cdots\cdots\cdots\cdots\cdots\cdots\cdots\cdots\cdots\cdots\cdots \quad (15.9)$$

これは、電流 I の微小間隔 l の部分が、電流から距離 r の位置に作るベクトルポテンシャルを表わしている。式 (15.9) から、電流 I とそれが作るベクトルポテンシャル A は、同じ方向のベクトルになることがわかる。

これまでは、相対運動する電荷と磁荷に働くローレンツ力からアンペアの法則とファラデーの法則を導出し、同じ方法でベクトルポテンシャル A も導出した。ここでの相対運動というのは等速度運動であるため、近接作用という概念は必要としなかった。

電磁波の正弦振動のような加速度運動の場合には、全空間が同じ形で同時に振動することはできないから、近接作用が重要な意味をもってくる。近接作用の考え方を導入するには、伝送線路を交流理論で解析した結果を利用するのがわかりやすいため、ここでは交流理論による解析法から始めることにする。

図 15.2 (a) に示すように、交流電源に抵抗 R とインダクタンス L のコイルを接続した回路がある。電源の電圧を V、回路に流れる電流を I

– 125 –

とすると、オームの法則から次の式が成り立つ。

$$V = RI + L\frac{dI}{dt} \quad \cdots\cdots\cdots\cdots\cdots\cdots\cdots\cdots\cdots\cdots \quad (15.10)$$

　与えられた電圧 V に対して回路に流れる電流 I を求めるのは、この微分方程式を解くことでもある。そこで、電圧に対しては振幅 V_0 と角周波数 ω を既知とし、電流に対しては振幅 I_0 と位相角 ϕ を未知として、次のように表わす。

$$V = V_0 \cos\omega t, \quad I = I_0 \cos(\omega t + \phi) \quad \cdots\cdots\cdots\cdots\cdots\cdots \quad (15.11)$$

　これを式 (15.10) に代入すれば、未知数である I_0、ϕ は求まるが、必ずしも簡単ではない。そこで、次のように変形して代入するのが交流理論による解法である。

$$\begin{aligned} V &= V_0 \left(e^{j\omega t} + e^{-j\omega t} \right)/2 \\ I &= I_0 \left\{ e^{j(\omega t + \phi)} + e^{-j(\omega t + \phi)} \right\}/2 \end{aligned} \quad \cdots\cdots\cdots\cdots\cdots\cdots \quad (15.12)$$

これらを式 (15.10) に代入して整理すると、次のようになる。

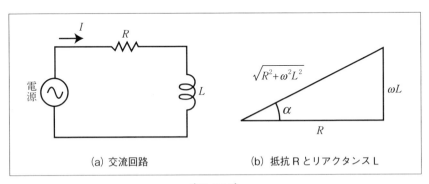

(a) 交流回路　　　(b) 抵抗 R とリアクタンス L

〔図 15.2〕

$$V_0 \left(e^{j\omega t} + e^{-j\omega t} \right) = \left(R + j\omega L \right) I_0 e^{j(\omega t + \phi)}$$
$$+ \left(R - j\omega L \right) I_0 e^{-j(\omega t + \phi)} \quad \cdots\cdots\cdots\cdots \quad (15.13)$$

この式では、両辺の第1項の共役複素数がそれぞれの第2項になっている。そのため、式 (15.13) が成り立つには、左辺のカッコ内の第1項が右辺の第1項に、左辺のカッコ内の第2項が右辺の第2項に、それぞれ等しくなければならない。式 (15.13) の両辺の第1項を等しいとおいて、次の式が得られる。

$$V_0 = \left(R + j\omega L \right) I_0 e^{j\phi},$$
$$\therefore I_0 e^{j\phi} = \frac{V_0}{R + j\omega L} = \frac{V_0}{\sqrt{R^2 + (\omega L)^2}} \, e^{-j\alpha} \quad \cdots\cdots\cdots\cdots \quad (15.14)$$

この第2式が交流理論によって求めた電流であり、最後の式は複素数を絶対値と偏角で表わしたもので、角度 α は図 15.2 (b) に示した。この電流を時間の関数として実際の値（瞬時値）に変換するには、交流理論で表わした結果に、$e^{j\omega t}$ をかけて実部をとればよい。

式 (15.14) 第2式の左辺は、$I_0 e^{j\phi} e^{j\omega t}$ の実部が瞬時値となり、式 (15.11) の第2式に等しい。式 (15.14) の第2式の右辺が交流理論の解で、次のようになる。

$$I = Re\left[\frac{V_0 \, e^{j\omega t}}{R + j\omega L} \right] = \frac{V_0}{\sqrt{R^2 + (\omega L)^2}} \cos(\omega t - \alpha) \quad \cdots\cdots \quad (15.15)$$

次に、この交流理論を利用して、図 15.3 (a) に示す伝送線路を解析してみよう。2本の導体線でできた伝送線路に沿う座標を z 軸とし、導体間の電圧を $V(z)$、導体に流れる電流を $I(z)$ とする。この伝送線路は、図 15.3 (b) のようにインダクタンスが直列に、静電容量が並列に入る等価回路で表わすことができる。

第15章 ポテンシャルと交流理論

　伝送線路の単位長さあたりのインダクタンスを L、静電容量を C とすると、線路の微小な長さ Δz の部分の等価回路は図 15.3 (c) のようになる。この等価回路にキルヒホッフの法則と交流理論を適用すると、次の式が得られる。

$$V(z) = V(z+\Delta z) + j\omega L \Delta z \, I(z+\Delta z)$$
$$I(z) = I(z+\Delta z) + j\omega C \Delta z \, V(z) \qquad \cdots\cdots\cdots\cdots (15.16)$$

　これらの右辺の第1項を左辺に移項し、両辺を Δz で割る。さらに、両辺で $\Delta z \to 0$ とする極限をとると、次の式が得られる。

$$\frac{dV}{dz} = -j\omega L I, \quad \frac{dI}{dz} = -j\omega C V \qquad \cdots\cdots\cdots\cdots (15.17)$$

　この微分方程式は、第1式を z で微分してその右辺に第2式を代入すると、次の式が得られる。

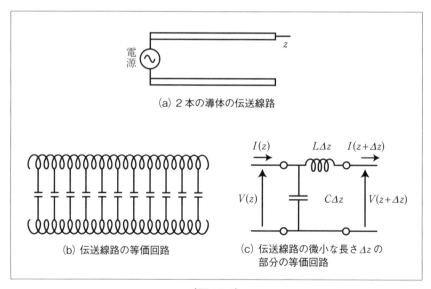

〔図 15.3〕

$$\frac{d^2V}{dz^2} + k^2V = 0, \quad k = \omega\sqrt{LC} = \frac{2\pi}{\lambda} \quad \cdots\cdots\cdots\cdots\cdots\cdots (15.18)$$

第2式は周波数 f と波長 λ の積が、光速 $c = f\lambda = 1/\sqrt{LC}$ となることから得られる。この微分方程式のひとつの解は、V_0 を定数として次のようになるのは明らかである。

$$V = V_0\, e^{-jkz} \quad \cdots\cdots\cdots\cdots\cdots\cdots\cdots\cdots\cdots\cdots\cdots (15.19)$$

交流理論の約束によれば、瞬時値はこれに $e^{j\omega t}$ をかけ実数部をとればよい。その結果、電圧 V の瞬時値は次のようになる。

$$V = V_0 \cos(\omega t - kz) \quad \cdots\cdots\cdots\cdots\cdots\cdots\cdots\cdots (15.20)$$

これは、z 軸の正方向に進行する電圧波形としてよく知られている。いわば、近接作用を表現する最も簡単な式といえる。式 (15.19) と式 (15.20) が、これから利用しようとする結果である。

第16章

遅延ポテンシャルとローレンツ条件

図 16.1 に示すように、正負の電荷±の対であるダイポールが直角座標の原点にある。ここで、q を振幅とし ω を角周波数として、この電荷 Q が時間的に次のように変化する"交流ダイポール"の場合を考えてみよう。

$$Q = q\cos\omega t \quad\cdots\cdots\cdots\cdots\cdots\cdots\cdots\cdots\cdots\cdots\cdots\cdots (16.1)$$

このように時間的に変化する電荷が、たとえば x 軸方向の無限に近い遠方に作る電界は、式 (15.20) と同じで、近接作用のため次のような関数形で表わされると考えられる。

$$E = A\cos(\omega t - kx)$$

ここで A を定数とすると、波が進む方向に垂直な断面内で無限に広がる波が平面波だが、これでは波のエネルギーは無限大になってしまう。このため、波源が無限の遠方にあるとき、ある位置で見た波を平面波と近似するのが現実的である。

波源から十分に遠方の距離 r における波を表わす電界 E は、この平面

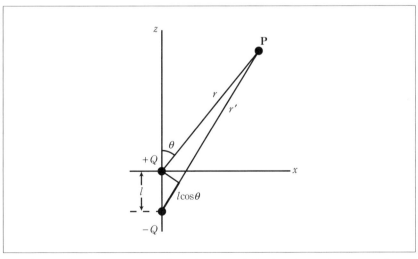

〔図16.1〕直流ダイポール ($Q=It$) または交流ダイポール ($Q=q\cos\omega t$)

第16章　遅延ポテンシャルとローレンツ条件

波の式から、次のようになることが予想できる。

$$E = A\cos(\omega t - kr)$$

　これらの結果から類推して、正弦波状に変化する電荷 $q\cos\omega t$ が座標の原点にあるとき、この電荷が無限に近い遠方に作る電位 ψ は次のように表わすことができる。

$$\psi = B\cos(\omega t - kr)$$

　この式で、角周波数が零になる極限 $\omega \to 0$ を考えると、波長 λ は無限大になるため、式 (15.18) から $k \to 0$ となる。従って、式 (16.2) の B は電荷 q が作る電位に等しく、$B = q/4\pi\varepsilon r$ となる。これを上の式に代入して次の結果が得られる。

$$\psi = \frac{q}{4\pi\varepsilon r}\cos(\omega t - kr) \quad\cdots\cdots\cdots\cdots\cdots\cdots\cdots\cdots\cdots\cdots (16.2)$$

　これが、点電荷 $q\cos\omega t$ が作る電位である。交流理論による式にするには、式 (15.19) と式 (15.20) からわかるように、$\cos(\omega t - kr)$ を e^{-jkr} とすればよい。この電荷 $q\cos\omega t$ がつくる電位をあらためて ψ_0 とおき、次のように表わすことにする〔参考文献2）の 204 ページ〕。

$$\psi_0 = \frac{q}{4\pi\varepsilon r}e^{-jkr} \quad\cdots\cdots\cdots\cdots\cdots\cdots\cdots\cdots\cdots\cdots (16.3)$$

　以上の結果をまとめると、式 (16.1) に示す電荷が作る電位を、時間と空間の変数に対しては、平面波と同じ関数で変化するとした。このように表現してよいとする根拠は、近接作用は“原理”と同じと考えられるためである。原理から得られた結果が、実験結果などに矛しなければ、その原理は正しいとするのである。

　さて、単独の電荷 $Q = q\cos\omega t$ が作る電位を式 (16.3) とすると、図 16.1 の P 点での電位は、式 (16.3) の重ね合わせから次のように表わすことができる。

－ 134 －

$$\psi = \psi_0(r) - \psi_0(r') = \frac{q}{4\pi\varepsilon r} e^{-jkr} - \frac{q}{4\pi\varepsilon r'} e^{-jkr'} \quad \cdots\cdots\cdots \text{(16.4)}$$

ダイポールであるから、正負の電荷の間隔は非常に小さいとして、図 16.1 で $r \gg l$ となるため、近似式 $r' = r + l\cos\theta$ が成り立つ。これを用いて式 (7.17) から r' を消去し、近似式 $e^{-jkl\cos\theta} \cong 1 - jkl\cos\theta$ を用いると、次の式が得られる〔文献 2) の 213 ページ〕。

$$\begin{aligned}
\psi &= \frac{q}{4\pi\varepsilon r} e^{-jkr} \left(1 - \frac{r}{r + l\cos\theta} e^{-jkl\cos\theta}\right) \\
&= \frac{ql\cos\theta}{4\pi\varepsilon r^2} e^{-jkr} (1 + jkr)
\end{aligned} \quad \cdots\cdots\cdots\cdots \text{(16.5)}$$

これが、交流ダイポールの作るスカラーポテンシャルである。電荷量が変化する現象は、図 16.1 の P 点には時間的に遅れて伝わるため、静電界のポテンシャルと区別して、式 (16.5) の ψ を遅延スカラーポテンシャルというのである。

大きさ一定の電流が作るベクトルポテンシャルは式 (15.9) に示したが、この電流が交流として次のように変化した場合はどうなるだろうか。

$$I = I_0 \cos\omega t \quad \cdots\cdots\cdots\cdots\cdots\cdots\cdots\cdots\cdots\cdots\cdots \text{(16.6)}$$

近接作用に対するこれまでの考察から、式 (15.9) に示したベクトルポテンシャル A は、式 (16.3) と同じで次のように表わせることは納得できるだろう。

$$A = \frac{\mu I_0 l}{4\pi r} e^{-jkr} \quad \cdots\cdots\cdots\cdots\cdots\cdots\cdots\cdots\cdots \text{(16.7)}$$

図 16.1 の場合には、電荷が式 (16.1) のように変化すると、次の電流が電荷間の z 軸方向に流れることになる。

− 135 −

第16章　遅延ポテンシャルとローレンツ条件

$$I = \frac{dQ}{dt} = -q\omega\sin\omega t = \mathrm{Re}\left[j\omega q e^{j\omega t}\right] \quad \cdots\cdots\cdots\cdots\cdots (16.8)$$

　第2式の右辺は式 (16.1) の Q を代入したものである。右端の式は、この電流 I は交流理論では $I = j\omega q$ と表示することを示している。交流理論の約束に従って、$j\omega q$ に $e^{-j\omega t}$ をかけた式の実部が、式 (16.8) の第3式の左辺に等しいからである。

　これらの結果から、図16.1 の交流ダイポールが作るベクトルポテンシャルは、z 方向成分だけで、次のようになることがわかる。

$$A_z = \frac{j\omega\mu ql}{4\pi r}e^{-jkr} \quad \cdots\cdots\cdots\cdots\cdots\cdots\cdots\cdots\cdots (16.9)$$

これが遅延ベクトルポテンシャルである。

　さて、この遅延ベクトルポテンシャルをよく観察すると、式 (16.3) のスカラーポテンシャル ψ_0 と同じ形の関数になることがわかる。すなわち、ベクトルポテンシャル A_z と ψ_0 との間に、次の関係が成り立つ。

$$A_z = j\omega\mu\varepsilon l\,\psi_0(r) \quad \cdots\cdots\cdots\cdots\cdots\cdots\cdots (16.10)$$

　右辺の $\psi_0(r)$ を式 (16.4) の第1式の右辺に代入すると、次のようになる。

$$\psi = \frac{1}{j\omega\mu\varepsilon l}\left\{A_z(r) - A_z(r')\right\} \quad \cdots\cdots\cdots\cdots\cdots (16.11)$$

　この式の右辺第2項の $A_z(r')$ は、図16.2 の下側のダイポールがP点に作るベクトルポテンシャルを表わしており、これは原点にあるダイポールがP′点に作るベクトルポテンシャルと同じ値になる。この結果、ベクトルポテンシャルを直角座標で表わすと、l は非常に小さいから、式 (16.11) はP点の座標を (x, y, z) として次のようになる。

— 136 —

$$\psi(x,y,z) = \frac{1}{j\omega\mu\varepsilon l}\{A_z(x,y,z) - A_z(x,y,z+l)\}$$
$$\to -\frac{1}{j\omega\mu\varepsilon}\cdot\frac{\partial A_z}{\partial z}$$

第2式は図16.2の微小間隔を $l\to 0$ とした極限から得られ、この結果は次のように表わすことができる。

$$\frac{\partial A_z}{\partial z} + j\omega\mu\varepsilon\psi = 0 \quad\cdots\cdots\cdots\cdots\cdots\cdots\cdots\cdots\cdots\cdots\cdots\quad (16.12)$$

これまでは、図 16.1 のように z 軸方向を向いたダイポールを考えたが、一般にはダイポールは任意の方向を向いている。この場合でも重ね合わせの原理から、ダイポールはそれぞれ x, y, z 軸方向を向いたダイポールの和とすることができる。

そこで、x, y, z 軸方向を向いた各ダイポールが作るベクトルポテンシ

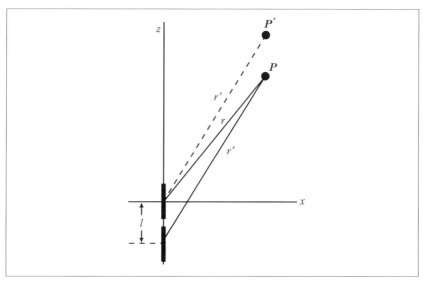

〔図 16.2〕z 軸上に間隔 l で並んだ図 16.1 の交流ダイポール

第16章 遅延ポテンシャルとローレンツ条件

ャルを、それぞれ A_x、A_y、A_z とすると、各ダイポールに対して式 (16.12) が成り立つ。各ダイポールが作るスカラーポテンシャルの和をあらためてとおくと、各式の和は次のようになる。

$$\frac{\partial A_x}{\partial x} + \frac{\partial A_y}{\partial y} + \frac{\partial A_z}{\partial z} + j\omega\mu\varepsilon\psi = 0, \qquad \cdots\cdots\cdots\cdots\cdots\cdots\cdots \quad (16.13)$$

$$\therefore \mathrm{div}A + j\omega\mu\varepsilon\psi = 0$$

　これは有名な "ローレンツ条件" として知られ、マックスウェルの方程式を解くときに重要な役割を果たす関係式である。

　ここでは、ダイポールが作るポテンシャルに対して、ローレンツ条件を導出した。任意の静電界は点電荷が作る静電界の重ね合わせとして表わせるが、これと同じように、任意のポテンシャルはダイポールが作るポテンシャルの重ね合わせで表わすことができる。このため、式 (16.13) の ψ と A を同じ波源が作るスカラーポテンシャルとベクトルポテンシャルとすれば、式 (16.13) は一般に成り立つことがわかる。

－ 138 －

第17章
ダイポールが作る
電磁界とマックスウェルの方程式

図 17.1 に示すように、正負の電荷 ±Q の対が微小間隔 l で z 軸上の原点の上下にある。電荷 Q としては、q を定数、ω を角周波数、t を時間として、次のように変化する交流ダイポールとする。

$$Q = q\cos\omega t \quad \cdots\cdots\cdots\cdots\cdots\cdots\cdots\cdots\cdots\cdots\cdots \quad (17.1)$$

この交流ダイポールが図 17.1 の P 点に作るスカラーポテンシャル ψ とベクトルポテンシャル $\boldsymbol{A}$ (z 軸方向成分のみ) は、それぞれ次のように表わせることは、前回の式 (16.5) と式 (16.9) に示した。

$$\psi = \frac{ql\cos\theta}{4\pi\varepsilon r^2} e^{-jkr}(1+jkr), \ k = \frac{\omega}{c} \quad \cdots\cdots\cdots\cdots\cdots \quad (17.2)$$

$$A_z = \frac{\mu Il}{4\pi r} e^{-jkr}, \ I = j\omega q \quad \cdots\cdots\cdots\cdots\cdots\cdots\cdots\cdots \quad (17.3)$$

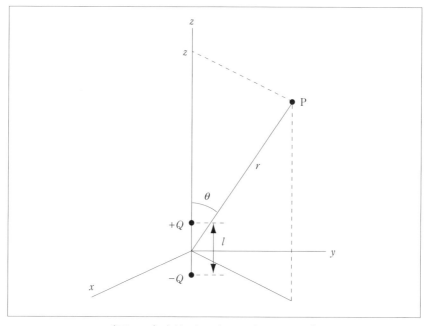

〔図 17.1〕交流ダイポール ($Q = q\cos\omega t$)

～ 第17章　ダイポールが作る電磁界とマックスウェルの方程式

式 (17.2) の第 2 式の c は光速であり、前回の式 (15.18) に示した。式 (17.3) の電流 I は、図 17.1 の正負の電荷間に流れる交流電流であることも、前回の式 (16.8) に示した。図 17.1 の交流ダイポールが作る電界 E および磁束密度 B は ψ と A で表わすことができる。はじめに、磁束密度とベクトルポテンシャルの関係を考えてみよう。

　磁束線は交流のときも、つねに連続して途切れない性質をもっている。このため、磁束密度 B に対しては、つねに $\mathrm{div}B = 0$ が成り立つのである。さらに、$\mathrm{div}(\mathrm{rot}A) = 0$ がつねに成り立つことからわかるように、磁束密度 B は任意のベクトル A を用いて次のように表わせることがわかっている。

$$B = \mathrm{rot}A \quad \cdots\cdots\cdots\cdots\cdots\cdots\cdots\cdots\cdots\cdots\cdots\cdots (17.4)$$

　式 (17.3) のベクトルポテンシャルが、式 (17.4) 右辺の A になる資格、すなわち正しい磁束密度 B を与えるかどうかは検証しなければならない。はじめに、定常電流の場合を考えてみよう。

　交流電流は I を定数として $I\cos\omega t$ と表わされるから、$\omega \to 0$ とすれば、交流電流は大きさが一定の定常電流 I になる。式 (17.3) に示すように、$k = \omega/c$ の関係にあるから、次の式が成り立つ。

$$\omega \to 0 \text{のとき、} k = \omega/c \to 0 \quad \cdots\cdots\cdots\cdots\cdots\cdots\cdots (17.5)$$

　この結果、$\omega \to 0$（すなわち $k \to 0$）とすると、式 (17.3) は定常電流が作るベクトルポテンシャルの式 (15.9) に一致する。従って、式 (17.3) のベクトルポテンシャルの資格があり、式 (17.3) の B は式 (15.6) の B と同じで定常電流が作る磁束密度となる。

　それでは、交流電流（$\omega \neq 0$）の場合、式 (17.3) のベクトルポテンシャルはどうなるだろうか。これは、近接作用が正しいという考え方から得たベクトルポテンシャルであるから、式 (17.4) の B は交流ダイポールが作る磁束密度としてよい。

　次に、電界 E とポテンシャルの関係を求めてみよう。図 17.2 の網点で示す微小面積 ΔS を通過する磁束線の本数 Φ は、この面に垂直な単

－ 142 －

位ベクトルを n として次のように求めることができる。

$$\varPhi = n \cdot B \varDelta S = n \cdot \mathrm{rot} A \varDelta S = \int_c A \cdot \tau ds \quad \cdots\cdots\cdots\cdots\cdots \quad (17.6)$$

第2式は式 (17.4) から得られ、また第3式は、式 (17.16) に示すベクトルの回転 $\mathrm{rot} A$ の定義式から得られる。ファラデーの法則を表わす式 (13.7) の右辺に、式 (17.6) の $\varPhi$ を代入すると、時間微分を $j\omega$ として次のようになる。

$$\int_c E \cdot \tau ds = -\frac{d\varPhi}{dt} = -j\omega\varPhi = \int_c (-j\omega A) \cdot \tau ds \quad \cdots\cdots\cdots\cdots \quad (17.7)$$

最初と最後の積分は任意の積分経路 C に対して等しいため、それぞれの被積分関数も等しくなって $E = -j\omega A$ が成り立つように見える。しかし、任意のスカラー関数 ψ に対してつねに次の式が成立する。

$$\int_c (-\mathrm{grad}\,\psi) \cdot \tau ds = 0 \quad \cdots\cdots\cdots\cdots\cdots\cdots\cdots\cdots \quad (17.8)$$

この式は、スカラーポテンシャル ψ で表わされる静電界 $E = -\mathrm{grad}\,\psi$ を、閉じた経路で積分するとつねにゼロとなることから理解できるだろ

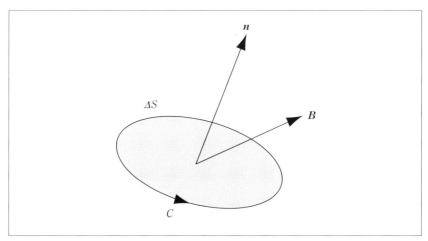

〔図 17.2〕微小面積 $\varDelta S$ を通過する磁束

う。式 (17.7) に式 (17.8) を加え、それぞれの被積分関数が等しいとおいて、次の式が得られる。

$$E = -j\omega A - \mathrm{grad}\,\psi \qquad\qquad (17.9)$$

　これが電界 E と、スカラーポテンシャル ψ、ベクトルポテンシャル A の関係を表わす一般式である。静電界の場合とは異なり、ベクトルポテンシャルも電界に寄与する。

　式 (17.8) と式 (17.9) の ψ は一般には任意の関数でよいが、$\omega \to 0$ のときは式 (17.9) の右辺第 1 項は消えるから、式 (17.9) は静電界の式の $E = -\mathrm{grad}\,\psi$ に一致しなければならない。式 (17.2) で $\omega \to 0$ (すなわち $k \to 0$) とすると、ψ は静電荷のダイポールが作るポテンシャルに一致することがわかる。

　図 17.1 の交流ダイポールが P 点に作る電界 E と磁界 H は、式 (17.9) と式 (17.4) から求めることができる。はじめに、電界 E の極座標成分 E_r, E_θ, E_ϕ を求めてみよう。

　この場合のベクトルポテンシャルは z 方向成分 A_z だけだが、図 17.3 に

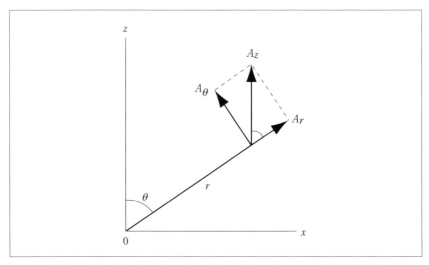

〔図 17.3〕z 軸方向を向いたベクトルポテンシャルの極座標成分

示すように、r 方向成分と方向成分は、それぞれ $A_r = A_z\cos\theta$, $A_\theta = -A_z\sin\theta$ となる。θ 方向成分にマイナスがつくのは、θ が増加する右下方向を正の方向とするためである。これらに式（17.3）の A_z を代入して、次の式が得られる。

$$A_r = \frac{j\omega\mu ql\cos\theta}{4\pi r}e^{-jkr},$$

$$A_\theta = -\frac{j\omega\mu ql\sin\theta}{4\pi r}e^{-jkr}$$

$$\cdots\cdots\cdots\cdots\cdots\cdots\cdots\cdots\cdots\cdots\cdots\cdots\cdots \quad (17.10)$$

ベクトル $\mathrm{grad}\,\psi$ の極座標成分は、極座標に対する公式から得られる。これらの結果から、電界 $\boldsymbol{E}$ の極座標成分は、次のように表わすことができる。

$$E_r = -j\omega A_r - \frac{\partial\psi}{\partial r},$$

$$E_\theta = -j\omega A_\theta - \frac{1}{r}\frac{\partial\psi}{\partial\theta},$$

$$E_\phi = 0$$

次に、磁界 $\boldsymbol{H}=\boldsymbol{B}/\mu$ を求める。式（17.3）を式（17.4）に代入し、極座標に対するベクトルの回転の公式から、ϕ 方向成分のみが残り、$j\omega q = I$ とおいて次のようになる。

$$\left(\mathrm{rot}\boldsymbol{A}\right)_\phi = \frac{1}{r}\left\{\frac{\partial}{\partial r}\left(rA_\theta\right) - \frac{\partial A_r}{\partial\theta}\right\}$$

$$= \frac{\mu Il}{4\pi r^2}e^{-jkr}\left(1+jkr\right)$$

電界の式はやや複雑になるが、式（17.2）の関数 ψ の r に関する微分を間違わないように計算すればよい。$\omega\sqrt{\mu\varepsilon} = \omega/c = 2\pi/\lambda = k$（$c$ は光速）の関係を利用して結果をまとめると、次のようになる。

第17章　ダイポールが作る電磁界とマックスウェルの方程式

$$E_r = \frac{ql\cos\theta}{2\pi\varepsilon r^3}\left(1+jkr\right)e^{-jkr}$$

$$E_q = \frac{ql\sin\theta}{4\pi\varepsilon r^3}\left\{1+jkr+\left(jkr\right)^2\right\}e^{-jkr} \quad \cdots\cdots\cdots\cdots\cdots \quad (17.11)$$

$$H_\phi = \frac{Il\sin\theta}{4\pi r^2}\left(1+jkr\right)e^{-jkr}$$

　これが交流ダイポールの作る有名な電磁界だが、意外にわかりやすい形をしている。はじめに、角周波数が零になる極限では $\omega \to 0$ $(k \to 0)$ となり、$1/r^3$ の項の電界は静電荷のダイポールが作る電界を表わす。また、$1/r^2$ の項の磁界は直流電流が作る磁界となって、ビオ－サバールの法則による磁界に一致する。

　ダイポールから遠方で、$kr \gg 1$ が成り立つ空間では、次のように $1/r$ の項だけが残り、電磁波として放射される電磁界だけになる。

$$E_\theta = \frac{jkIl\,\eta\sin\theta}{4\pi r}\,e^{-jkr} = \eta H_\phi \quad \cdots\cdots\cdots\cdots\cdots \quad (17.12)$$

$$\because jkq/\varepsilon = j\omega q\sqrt{\mu\varepsilon}/\varepsilon = I\sqrt{\mu/\varepsilon} = I\eta$$

　このように、電磁波では電界と磁界の比は、一定の値 $\eta = 377$ オームになることが知られている。この η を電波インピーダンスという。

　問題となるのは、式 (17.11) のなかで $1/r^2$ の項の電界である。従来の教科書などでは、式 (17.11) の電磁界のなかの $1/r^3$ の項を静電界、$1/r^2$ の項を誘導界、$1/r$ の項を放射界と書いてある本が多い。このことがいろいろな誤解を生んでいるようである。

　たとえば、東海道新幹線では電波で地上と交信しているため、放射界を利用していることになる。これに対して、東北新幹線では線路に沿って同軸線路を設置し、同軸線路の外部導体に開けられたスリットから漏れる電磁界で交信する。このため、放射界ではなく誘導界の $1/r^2$ の項を利用していると誤解されることがある。

　式 (7.35) のなかで、$1/r^2$ の項の電界と磁界にダッシュ ' をつけて表わ

－ 146 －

すと、磁界の ϕ 方向成分と電界の θ 方向成分は次のような関係になる。

$$H_\phi^{'} = \frac{Il\sin\theta e^{-jkr}}{4\pi r^2} = E_\theta^{'}/\eta \quad\cdots\cdots\cdots\cdots\cdots\cdots\cdots\cdots\quad (17.13)$$

　この式は、電流 I が定常電流のときには成り立たない。それは次の理由による。定常電流は大きさが変化しないから $k=0$ である。式 (17.11) の E_θ の $1/r^2$ の項は { } 内の第 2 項だから、jkr の項があるため $E_\theta^{'}=0$ となる。これに対して、式 (17.13) からわかるように、$k=0$ でも $H_\phi^{'}=0$ とはならない。このように、定常電流が作る $H_\phi^{'}$ は特別な磁界なのである。

　電荷量がつねに直線的に増加する直流ダイポールは非現実的であり、また電流の大きさが変化しない定常電流では通信はできない。アンテナに流れる電流は、送るべき情報にしたがって時間的に変化するから、$k=0$ とはならないのである。近い距離との通信では、電界が大きい振幅になる $1/r^3$ の項を有効に活用しているはずである。

　最後にマックスウェルの方程式を導出しておく。第 13 章に示した式 (13.2) の磁界に、式 (14.7) の電流 I が作る磁界を加えて、それらの和の磁界をあらためて $\boldsymbol{H}$ とおく。交流理論によれば時間微分は $j\omega$ となるから、式 (13.7) のファラデーの法則とともに示すと、次のようになる。

$$\begin{aligned}\int_c \boldsymbol{H}\cdot\tau ds &= \int_s j\omega\boldsymbol{D}\cdot\boldsymbol{n}ds + I \\ \int_c \boldsymbol{E}\cdot\tau ds &= -\int_s j\omega\boldsymbol{B}\cdot\boldsymbol{n}dS\end{aligned} \quad\cdots\cdots\cdots\cdots\cdots\cdots\quad (17.14)$$

　この曲面 S が、図 17.2 に示した面積 ΔS の微小曲面の場合を考えてみよう。微小曲面上の電流密度を、図 17.2 の $\boldsymbol{B}$ の代りに $\boldsymbol{J}$ とすると、この面を通過する電流 I は、曲面に垂直な単位ベクトルを $\boldsymbol{n}$ として次のように表わすことができる。

$$I = \boldsymbol{J}\cdot\boldsymbol{n}\Delta S \quad\cdots\cdots\cdots\cdots\cdots\cdots\cdots\cdots\cdots\quad (17.15)$$

　ベクトルの回転は次のように定義されている。

第17章 ダイポールが作る電磁界とマックスウェルの方程式

$$\left(\mathrm{rot}H\right)\cdot n = \lim_{\Delta S\to 0}\frac{1}{\Delta S}\int_{c}H\cdot\tau ds \quad\cdots\cdots\cdots\cdots\cdots\cdots\cdots\cdots\cdots\quad (17.16)$$

　式 (17.14) の上段に式 (17.15) を代入して両辺を ΔS で割り、式 (17.16) を適用すると、$(\mathrm{rot}H)\cdot n = j\omega D\cdot n + J\cdot n$ となる。単位ベクトル n が任意の方向を向くように、微小曲面 ΔS を選ぶことができるため、$\mathrm{rot}H = j\omega D + J$ が成り立ち、$D = \varepsilon E,\ B = \mu H$ とおいて次の式が得られる。下側の式も式 (17.14) の下段から全く同様に導出できる。

$$\begin{aligned}\mathrm{rot}H &= j\omega D + J\\ \mathrm{rot}E &= -j\omega B\end{aligned} \quad\cdots\cdots\cdots\cdots\cdots\cdots\cdots\cdots\cdots\cdots\quad (17.17)$$

　これが有名なマックスウェルの方程式であり、すべての電界 E、磁界 H はこの方程式を満足しなければならない。マックスウェルの方程式は、電流密度 J を既知関数とし、E と H を未知関数とする微分方程式でもある。

　電流密度 J の電流が、長さ l の微小体積 ΔV 中を z 軸方向に流れるとすると、$J\Delta V = Il$ となる。この電流が作るベクトルポテンシャルが式 (17.2) であり、前回のローレンツ条件の式 (16.2) から ψ が計算でき、式 (17.11) が得られる〔参考文献 2) の 231 ページ〕。

- 148 -

第18章

電磁波はどのように発生するか、

またはどのように発生させないか

図 17.1 に示す交流ダイポールは、周囲に式 (17.11) の電磁界を作る。このダイポールがどのように電磁波を放射するかは、電気力線を描くのがわかりやすい。見えない電気を見えるようにするのが電気力線と磁力線だからである。

電気力線を描くためには、電界の瞬時値を知らねばならない。式 (17.11) は交流理論による結果だから、これに $e^{j\omega t}$ をかけて実数部をとれば時間の関数となる瞬時値が得られる。たとえば、電界の r 方向成分の瞬時値は、式 (17.11) の第 1 式に $e^{j\omega t}$ をかけた式の実数部として、次のようになる。

$$E_r = \mathrm{Re}\left[\frac{ql\cos\theta}{2\pi\varepsilon r^3}\left(1+jkr\right)e^{j(\omega t - kr)} \right]$$
$$= \frac{ql\cos\theta}{2\pi\varepsilon r^3}\left\{ \cos\left(\omega t - kr\right) - kr\sin\left(\omega t - kr\right) \right\}$$

同じようにして E_θ も求めることができる。電界の極座標成分の E_r と E_θ が与えられたとき、電気力線の軌跡を表わす方程式は、次の微分方程式から求めることができる〔文献 2) の 222 ページ〕。ここでは、結果だけを示すことにする。

$$\frac{1}{R}\frac{dR}{d\theta} = \frac{E_r}{E_\theta}$$
$$\therefore \frac{a_n R}{R\sin\left(R-T\right)+\cos\left(R-T\right)} = \sin^2\theta \quad \cdots\cdots\cdots\cdots\cdots \text{(18.1)}$$

ただし、$R = kr$, $T = \omega t$, $A = qlk^3/4\pi\varepsilon$

第 2 式の左辺の分子にある a_n は積分定数である。a_n ($n = 1, 2, 3, \cdots\cdots$) のうち一つの値がきまると、1 本の電気力線の位置がきまる〔参考文献 2) の 224 ページ〕。図 18.1 に電気力線の計算例を示した。図 18.1 の (a)、(b)、(c)、(d) は、それぞれ、時間は $T = 0$、$\pi/4$、$2\pi/4$、$3\pi/4$、電荷は $Q = q$、$q/\sqrt{2}$、0、$-q/\sqrt{2}$ の場合に対応している。

— 151 —

第18章 電磁波はどのように発生するか、またはどのように発生させないか

　横軸は図 17.1 の y 軸だが、波長で規格化した座標である。時間は 1/4 周期ごとに描いたため、電気力線は (a)、(b)、(c)、(d) の順に各図の 1/4 波長だけ外側に移動している。

　このように電磁波はダイポールから放射されるが、導体線に流れる電流はダイポールのつながりなのである。図 18.2 (a) に示すように、1 本の導体線に一定の大きさの電流 I が流れている場合を考えてみる〔参考文献 7) の 81 ページ〕。この電流は右側に示すように、正負の電荷 $\pm Q$ をもつダイポールのつながりに分解することができる。この場合の電荷 Q は、図 18.2 (b) に示すように、次の式を満足しなければならない。

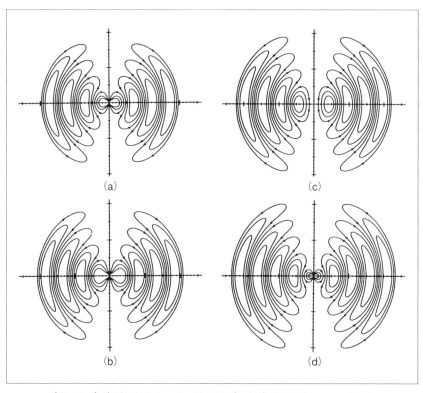

〔図 18.1〕交流ダイポールが作る電気力線（1 目盛は 0.1 波長）

$$I = \frac{dQ}{dt} \quad \cdots\cdots\cdots\cdots\cdots\cdots\cdots\cdots\cdots\cdots\cdots\cdots\cdots\cdots\cdots\cdots\cdots\cdots\cdots\cdots\cdots\cdots \quad (18.2)$$

　図18.2(a)の右端に示すように、導体線に流れる電流は、最終的には上下の端に現われる正負の電荷で表わせることになってしまう。たとえば、左端の導体線に流れる電流Iが作る磁界は、ビオ－サバールの法則から求めることができる。この磁界は、右端の上下の電荷が作る変位電流とアンペアの法則から求めた磁界と同じになる。これについては最終回で詳しく説明する。

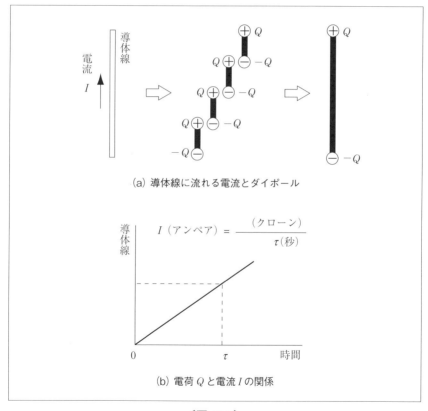

〔図18.2〕

第18章 電磁波はどのように発生するか、またはどのように発生させないか

　交流電流の場合にも、電流はダイポールのつながりで表わすことができる。たとえば、2本の導体線でできた伝送線路に進行波の電流が流れたとする。伝送線路の長さが1波長のとき、電流を10個のダイポールに分けて放射電界を計算し、図18.3に電界の大きさをグラフィックスで示した[5]。

　図18.3 (a) は2本の導体線の間隔が0.025波長のときだが、電磁波はほとんど放射されないことがわかる。図18.3 (b) は、導体線の間隔が0.1波長のときである。かなりの電磁波が放射されている。図18.3 (c) は導体線が片側の1本のときで、これは進行波アンテナとして知られている。アンテナだから電磁波はよく放射されている。

　導体線に交流電流が流れると、必ず電磁波を放射することを図18.3は示している。これは交流のダイポールが電磁波を放射するためで、納得せざるを得ない事実である。

　電磁波の放射が抑圧されるのは、図18.3 (a) からわかるように、間隔が小さい2本の導体線に反対方向の電流が流れるときで、いわば例外的な現象なのである。2本の導体線の間隔が小さくなれば、それだけ電磁波の放射は抑圧される。これを利用してエネルギーを効率よく伝送しているのが送電線である。

　このため、不要な電磁波を放射させないためには、この送電線の原理を利用しなければならない。導体線の間隔を0.01波長以下にすれば、電磁波の放射はかなり低減できるはずである。プリント基板を利用する場合には、基板とストリップの間隔を小さくしなければならない。

　最近ではICのピンから直接放射する電磁波が問題になっている。電磁波の放射を低減するためには、ピンの先が相手のコンセントに入るところまでのピン間を、アース板でふさげばよい。アース板には、イメージとしてピンとは反対方向の電流が流れるからである。

　ピンとアース板の間隔は0.01波長以下だから、10GHzの電磁波の放射を抑圧したいときは0.3mm以下にしなければならない。

　電磁波には相反定理が成り立つから、電磁波を放射しやすい回路は、同じ周波数の電磁波を受信しやすい回路でもある。従って、外部から電

－ 154 －

磁波の妨害を受けにくい回路を作るためには、送電線の原理の利用が重要なのである。

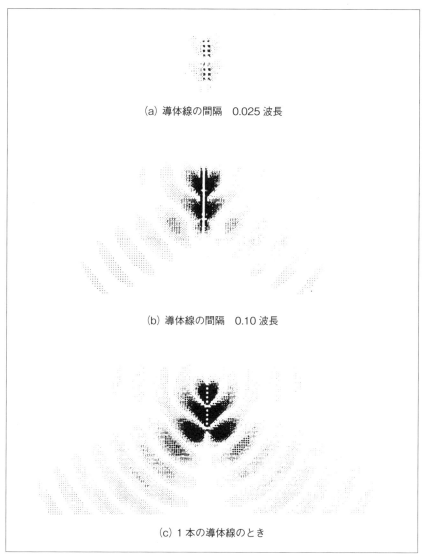

〔図 18.3〕長さ 1 波長の伝送線路が放射する電磁波

第19章
磁界を作るのはなにか

本書も終わりに近づいたので、強調したい要点などを再びとりあげてまとめることにした。電磁気学を難しくしているのは磁界に関することが多く、つきつめて考えると、何が磁界を作るのかということに落ちつくように思える。

　電界を作るのは電荷という実体のあるモノだから、場の考えにさえ馴れれば電界はわかりやすい。これに対して、磁界を作るのは電流であるというのがアンペアの法則であって、これはクーロンの法則の次に出てくる基本的な法則である。

　定常電流 I がまわりの空間に作る磁界を H とする。電流 I を囲む経路 C で磁界 H を積分すると、積分値は電流 I に等しいというのがアンペアの法則である。経路 C の接線方向の単位ベクトルをとして、アンペアの法則は次のように表わされる。

$$\int_C H \cdot \tau ds = I \quad \cdots\cdots\cdots\cdots\cdots\cdots\cdots\cdots\cdots\cdots\cdots (19.1)$$

　このように定常電流が磁界を作るというのが、電磁気学を難しくする元凶だと私は考えている。この式から、わかりにくいことでは定評のある変位電流や等価板磁石という考えが生まれたからである。

　電気に関する現象をひき起こす根元は電荷にある、とするのが現在の物理学の考え方である。電荷がまわりの空間に及ぼす影響は、電荷から直接発生する電気力線で説明することができる。

　磁界も磁荷から発生する磁力線だけで説明できるならば、電界と同じように簡単になるのかもしれない。残念なことに、電磁気学で重要な役割を果たしているのは、磁荷が作る磁界ではなく、電流が作る磁界である。このため、どうしても式 (19.1) のお世話にならなければならない。

　すべての磁界が、電気現象の根元にあるという電荷が作る電気力線によって説明できれば、磁界のわかりにくさの大部分は解消するだろう。それには、定常電流と電気力線の関係を明確にする必要がある。

　図 19.1 (a) の太線で示すように、z 軸の負の領域を電流 I が z 軸の正方向に流れているとする。この電流が P 点に作る磁界は、ビオ—サバールの法則から計算するのが標準的な方法である。図 19.1 (b) に示すよ

- 159 -

うに、電流の長さ Δz の部分（太線）がP点に作る磁界を ΔH とすると、次のようになる。

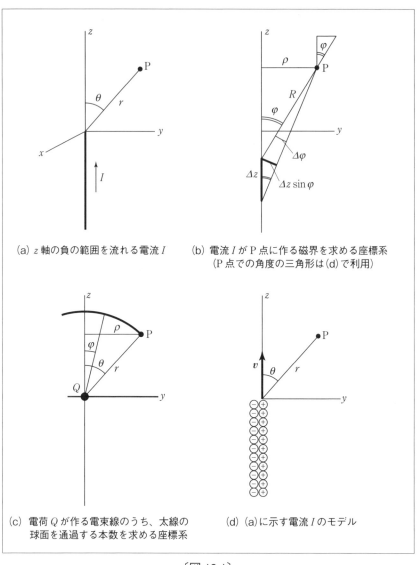

〔図 19.1〕

$$\Delta H = \frac{I\Delta z \sin\varphi}{4\pi R^2} = \frac{I \sin\varphi}{4\pi\rho}\Delta\varphi \quad \cdots\cdots\cdots\cdots\cdots\cdots\cdots (19.2)$$

第2式は、図 19.2 (b) からわかる近似式 $\Delta z \sin\phi = R\Delta\phi$, $R\sin\phi = \rho$ を代入して求めた。全体の磁界 H は、ϕ について $0 \sim \theta$ の範囲を積分して得られ、次のようになる。

$$H = \frac{I}{4\pi\rho}\left(1-\cos\theta\right) \quad \cdots\cdots\cdots\cdots\cdots\cdots\cdots\cdots (19.3)$$

図 19.1 (a) の電流 I が流れる先端の原点には、電荷保存の法則のため、次の式を満足する電荷 Q が蓄積されなければならない。

$$I = \frac{dQ}{dt} \quad \cdots\cdots\cdots\cdots\cdots\cdots\cdots\cdots\cdots\cdots\cdots\cdots\cdots (19.4)$$

この電荷 Q を図 19.1 (c) の●印で示した。この電荷が作る電束線の本数を Φ_e とすると、次のアンペアの法則から、式 (19.3) の磁界を導出することもできる。

$$\int_C \boldsymbol{H}\cdot\tau ds = \frac{d\Phi_e}{dt} \quad \cdots\cdots\cdots\cdots\cdots\cdots\cdots\cdots (19.5)$$

ここで積分経路 C は、図 19.1 (c) の z 軸を中心とする半径 ρ の円である。

図 19.1 (c) の電荷 Q は、半径 r の球面上に一様な電束密度 $D = Q/4\pi r^2$ を作る。このうち経路内を通過する電束線 Φ_e 数は、z 軸を中心として角度 θ までの球面（太線）の面積と電束密度の積に等しい。これは次のように表わすことができる。

$$\Phi_e = \frac{Q}{4\pi r^2}\int_0^\theta 2\pi r \sin\varphi \times r\, d\varphi = \frac{Q}{2}\left(1-\cos\theta\right)$$

これを式 (19.5) の右辺に代入するが、式 (19.5) の左辺は $2\pi\rho H$ となる。この結果、式 (19.4) から次の式が得られ、式 (19.3) に一致する磁

－ 161 －

第19章　磁界を作るのはなにか

界が得られる。

$$2\pi\rho\,H = \frac{I}{2}\bigl(1-\cos\theta\bigr), \quad \therefore H = \frac{I}{2\pi\rho}\bigl(1-\cos\theta\bigr)$$

図 19.1 (a) に示す電流が導体線中を流れるときは、図 19.1 (d) のモデルで考えることができる。負の電荷は静止し、正の電荷だけが速度 v で上方向に移動するモデルである。実際の導体中では負の電荷だけが移動するが、説明をわかりやすくするため正の電荷だけが速度 v で移動するとした。この場合、正の線電荷の密度を σ とすると、電流 I は次のように表わすことができる。

$$I = \sigma v \quad\cdots\cdots\cdots\cdots\cdots\cdots\cdots\cdots\cdots\cdots\cdots\cdots\cdots\cdots \text{(19.6)}$$

導体中には正と負の電荷は同量だけあるから、外部に電界は作らない。しかし、移動する正の電荷だけに注目し、図 19.1 (d) の電流の中にある正の電荷が P 点に作る電界を求めてみよう。図 19.1 (b) の座標で考えると、長さ Δz の部分にある電荷 $\sigma\Delta z$ が P 点に作る電界 ΔE は次のようになる。

$$\Delta E = \frac{\sigma\Delta z}{4\pi\varepsilon R^2} = E_0\,\Delta\varphi、\text{ここで } E_0 = \frac{\sigma}{4\pi\varepsilon\rho} \quad\cdots\cdots\cdots\cdots \text{(19.7)}$$

第 2 式は、式 (19.2) の第 2 式と同じ方法で得られる。図 19.1 (b) からわかるように、この電界の ρ 方向成分と z 方向成分は、次のようになる。

$$\Delta E_\rho = E_0\sin\varphi\,\Delta\varphi, \quad \Delta E_z = E_0\cos\varphi\,\Delta\varphi$$

式 (19.3) のときと同じようにして、全体の電界はこれらの式を φ について 0 〜 θ まで積分して得られ、図 19.1 (d) の P 点の電界は次のようになる。

$$E_\rho = E_0\bigl(1-\cos\theta\bigr), \quad E_z = E_0\sin\theta \quad\cdots\cdots\cdots\cdots\cdots\cdots \text{(19.8)}$$

$- 162 -$

図 19.1 (d) に示す正の電荷は速度 v で z 軸方向に移動するから、これらの電荷がP点に作る電気力線も速度 v で z 軸方向に移動するはずである。この結果、P点には次の式できまる磁界ができることは、これまでたびたび説明したとおりである。

$$H = \varepsilon v \times E \quad \cdots\cdots\cdots\cdots\cdots\cdots\cdots\cdots\cdots\cdots\cdots\cdots\cdots \quad (19.9)$$

式 (19.7) の E_0 と式 (19.8) をこれに代入し、$I = \sigma v$ とおくと、式 (19.3) と同じ結果が得られる。以上をまとめると、図 19.1 (a) の太線で示す電流はP点に式 (19.3) の磁界を作るが、これらは次の3種の方法で導出することができる。

① ビオ－サバールの法則

② 式 (19.5) のアンペアの法則

③ $H = \varepsilon v \times E$

これらのなかで、ビオ‐サバールの法則は③から導出できることは、第8章の図 8.2 で示した。式 (19.5) のアンペアの法則も③から導出できることは、第13章の式 (13.5) などで説明した。このように、磁界を作る基になるのは $H = \varepsilon v \times E$ とするのが自然であり、また理解しやすいのである。

電磁気学では重要な役割を果たす変位電流は、理解しにくいことでも定評がある。アンペアの法則の式 (19.1) と式 (19.5) を比較すると、両者の左辺は同じだが、式 (19.1) の右辺の I は電流である。そこで、式 (19.5) の右辺の $d\Phi_e/dt$ も電流として、これを変位電流と呼んだのである。

コンデンサに流れる電流は変位電流として知られているが、このときコンデンサの導体板間にどのような現象が起こるか、次に明らかにしよう。2枚の平行な導体板でできた静電容量 C のコンデンサがある。導体板にかかる電圧を V、導体板間に流れる電流を I とする。電圧を $V = A \cos\omega t$ と表わされる交流のとき、電流 I は次のようになる。

$$I = \frac{dV}{dt} = -\omega C A \sin\omega t \quad \cdots\cdots\cdots\cdots\cdots\cdots\cdots\cdots\cdots \quad (19.10)$$

第19章 磁界を作るのはなにか

図 19.2 には、時間を横軸としてコンデンサにかかる電圧と、コンデンサに流れる電流を示した。厚い導体板の左右に太い導体線を接続したコンデンサを図 19.3 に示したが、コンデンサに電流が流れるとき、導体板周辺に現われる電荷と電気力線の様子を描いた。図の番号の (0)、(1)、(2)、…は図 19.2 の横軸の時間に対応している。

図 19.3 (0) はコンデンサにかかる電圧が最大になる瞬間で、蓄えられる電荷も最大になる。すべての電荷が静止する瞬間であり、コンデンサに流れる電流はゼロになる。

次の図 (1) は、図 19.2 の横軸の時間が (1) のときで、コンデンサにかかる電圧は減少しつつある。さらに、コンデンサに蓄えられる電荷も減少しているので、導体線を通して正の電荷は左方向に、負の電荷は右方向に移動しなければならない。すなわち、導体線には左方向の電流が流れる。

この場合、導体板の間の電気力線は、導体板の中心から上下方向に移動する。電気力線の移動速度を v とし、導体板間の電界を E とすると、導体板の間には $H = \varepsilon v \times E$ によって決まる磁界 H ができる。このときの磁界を図中に記号 ⊗ ● で示した。

次の図 (2) は、コンデンサにかかる電圧が 0 になる瞬間であり、電流

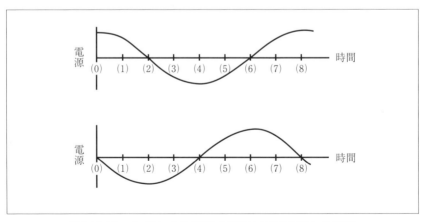

〔図 19.2〕コンデンサの両端の電圧と両端を流れる電流

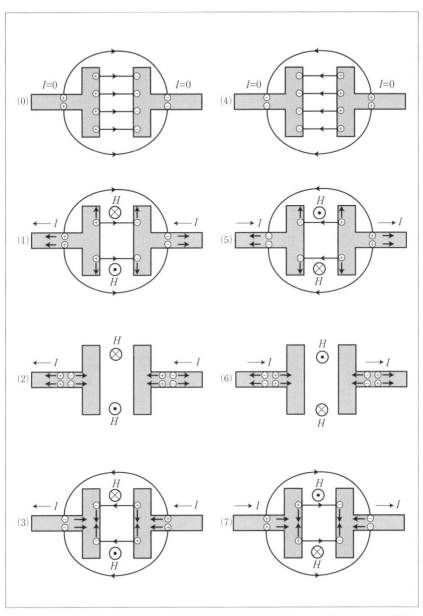

〔図 19.3〕 コンデンサの導体中の電荷の動きと電気力線、および電気力線の移動によって発生する磁界 H を示す。(0),(1),(2),… は図 19.2 の時間に対応

が最大になるときである。左右の導体線の電位差は0となるから、導体表面に電荷は出現しない。このため、導体線の各部分で正負の電荷は同量になる。ただし、導体線中を電流は左方向に流れるから、正の電荷は左方向に、負の電荷は右方向に移動している。

図（2）の導体板の間には電気力線はない。これは、電気力線が速い速度で上下の導体板の端から消えた瞬間であり、導体板の間には最も大きな磁界 H ができる。

図（3）では、導体板にかかる電圧が逆転して、左側が負に、右側が正になる。電圧は時間とともに大きくなり、導体線中では左側の負の電荷は右方向に、右側の正の電荷は左方向に移動して、コンデンサを充電している。

この結果、導体線には左方向の電流が流れ、導体板の間の電気力線は、図（1）と反対の左方向を向いている。しかし、電気力線は導体板の中心方向に移動するため、図（1）と同じ方向の磁界になる。

図（4）は、導体板にかかる電圧がマイナスで最大になるときである。電荷の符号が逆になることを除けば、図（0）と全く同じ状態になる。すべての電荷は静止し、コンデンサには電流が流れない瞬間である。

同様にして、図（5）、（6）、（7）は、電荷の符号が左右で反転することを除くと、それぞれ図（1）、（2）、（3）と同じ状態になることがわかる。図（7）で、コンデンサが最大の電圧まで充電された状態が図（0）であり、1周期を終えて同じ現象がくり返される。

左右の導体線には、図（0）～（3）では左方向の電流が流れ、（4）～（7）では右方向の電流が流れている。導体線に流れる電流に注目すると、アンペアの右ネジの法則にしたがう方向の磁界が導体板の間に生じている。

ただし、導体板の間では電気力線が上下に移動するだけで、導体板の間を横方向に電流が流れた形跡は全くない。磁界は電気力線の移動によって発生するのであって、磁界を作るためだけの仮想的な"変位電流"を考える必要のないことは納得できるだろう。

第20章
パラドックスのいろいろ

電磁気学には、矛盾しているように見えてしまうパラドックスが多い。このような問題を解明することは、電磁気学の理解を深めるのに役立つはずである。この目的に適するパラドックスをとり上げ、それに解答することで本書を締めくくりたい。

ファラデーの法則

図 20.1 に示すような導体線のループがある。ループを通過する磁束線の本数を Φ とする。導体線内の点線のループを積分経路 C とし、この方向の単位ベクトルを τ とすると、次のファラデーの法則が成り立つ。

$$\int_C \boldsymbol{E} \cdot \tau ds = -\frac{d\Phi}{dt} \qquad \cdots\cdots\cdots\cdots\cdots\cdots\cdots\cdots (20.1)$$

かりに、導体線のループにギャップがないとすると、図 20.1 の点線はすべて導体のなかにある。導体内部ではつねに $\boldsymbol{E}=0$ だから、式 (1) の積分値もゼロになる。しかし、導体線ループを通過する磁束が増減すれば、式 (20.1) で $d\Phi/dt=0$ とはならないから、導体線ループには電圧が発生する。これはパラドックスである。

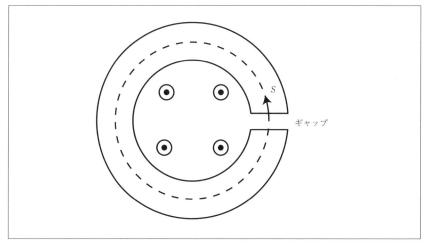

〔図 20.1〕ギャップのある導体線ループ。ループの内部では下から上方向に磁力線が通過している。　◉は紙面に垂直で上方向を表わす記号

これに対する解答は次のようになる。図20.2はギャップのない導体線ループだが、磁力線が移動すると電荷に力が働く、というのがファラデーの法則である。

磁力線が移動したとき電荷に働く力（図20.2のF）の方向は、磁力線の方向〔紙面に垂直に上方向〕から磁力線の移動方向（図20.2のv方向）へ右ネジを回転したとき、右ネジが進む方向になる。この事実をふまえて、ギャップがない導体線ループを通過する磁力線が増加する場合を考えてみよう。

図20.2の導体線ループのなかでは、紙面に垂直で上向きの磁力線が時間とともに増加している。導体内部には同量の正負の電荷があり、負の電荷をもつ電子だけが移動できるが、わかりやすいため正の電荷だけが移動できるとしておく。

ループ内を通過する磁力線が増加するときは、磁力線は閉じているため、外側の磁力線はループの外部から内部に移動しなければならない。図20.2のvとFで示すように、磁力線が速度vで導体線を通過す

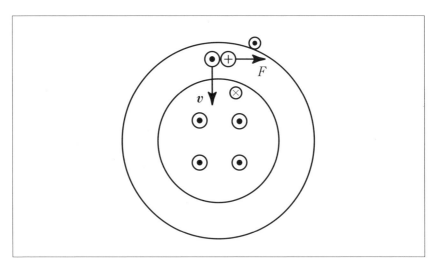

〔図20.2〕ギャップのない導体線ループ内の磁力線が増加するとき（⊕⊖は正負の電荷、⊙は上向きの磁力線、⊗は電荷の移動によってできる下向きの磁力線）

- 170 -

るときは、導体内部の電荷は力Fを受ける。

導体内部の電荷は自由に移動できるから、力をうけた電荷は力の方向に移動し、結果としてこの方向に電流が流れる。電流が流れれば新たな磁力線ができる。図20.2では、新たにできる磁力線を小さい丸の⊗●で示した。この新たな磁力線は、増加しようとするループ内部の磁力線を減らす方向にできることがわかる。結果として、導体線ループを通過する磁力線の本数は変化しないため、ループ上に電圧は発生しないのである。

電流ループと棒磁石

図20.3 (a) のxy面上にある微小な電流ループが作る磁界は、図20.3 (b) のz軸方向を向いた小さな棒磁石と同じになることは、磁石の本質は電流ループということで第10章に説明した。

図20.4に示すように、yz面内にx軸を中心とする円形の磁界があるとする。この空間に、図20.3 (a) の微小電流ループをおいたのが図20.4 (a) であり、小さな棒磁石をおいたのが図20.4 (b) である。

この場合、磁界の中を流れる電流にはローレンツ力が働き、図20.4 (a) では右方向の力になる。これに対して、図20.4 (b) では磁石には左方向

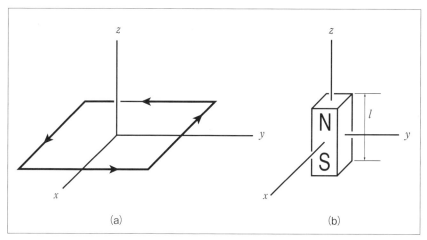

〔図20.3〕微小電流ループ (a) とそれに等価な棒磁石 (b)

第20章 パラドックスのいろいろ

の力が働く。これは、参考文献6)が提示したパラドックスの一部である。

次に解答を示そう。図20.3 (b) の磁石の作る磁界が、(a) の電流ループの磁界と同じになるのは、磁石の長さが非常に小さいときである。すなわち、に比較して十分に遠い距離において、はじめて両者の磁界は等しくなるのである。

図20.4 (b) では、磁石の長さlと同じくらいの位置で、外部磁界と相互作用している。この場合のように、電流ループ近傍の外部磁界との相互作用を考えるためには、等価板磁石を用いなければならない。

図20.4のyz面内にできる円形の磁界は、x軸方向を向く直線の導体線に流れる電流が作る磁界であり、それは中心に近いほど強くなる性質をもつ。

等価板磁石は、周囲を固定すれば内部を上下に移動しても同じ磁界を作ることがわかっているため〔参考文献2)の145ページ〕、図20.4 (a) の電流ループに対する等価板磁石は図20.5 (a) のようになる。

図20.4 (a) のx軸を中心として半径が小さい位置ほど磁界は強いから、板磁石には右方向の力が働くことがわかる。図20.5 (b) からわかるよう

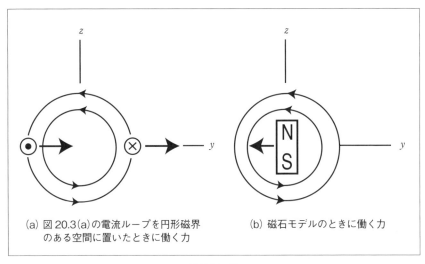

〔図20.4〕

に、等価板磁石が上方向に変形しても、やはり右方向の力が働く。それでは図 20.5 (c) のように、等価板磁石が平面のときはどうだろうか。円形の磁力線は板磁石の上側では左方向、下側では右方向になるから、全体として左方向の力が働く。

これはパラドックスに見えるが、実はそうではない。等価板磁石の内部にはその近傍の外部とは全く異なる磁界ができるため、図 20.5 (c) は電流ループの板磁石モデルとはならない。そのため、中心の x 軸上を流れる電流は、電流ループが作る磁界とは、まったく異なる磁界と相互作用をするからである。

それでは、図 20.5 (c) を電流ループに対する等価板磁石ではなく、実際の板磁石としてみよう。実際の板磁石は等価板磁石より厚くはなるが、「板磁石が外部に作る磁界は、板磁石の端部に流れる電流ループが作る磁界に等しい」ということは成り立つ。

実際の板磁石に穴を開けて導体線を挿入し、それに電流を流して図 20.4 のような円形の磁界を作ったとする。その板磁石の中心部を拡大し

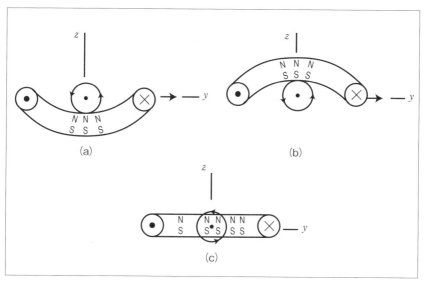

〔図 20.5〕電流ループの等価板磁石が下に凹 (a)、上に凸 (b)、水平 (c) のとき

て描いたのが図20.6である。板磁石に穴を開けると、図20.6に示すように、穴の表面には板磁石の上下の表面とは反対符号の磁荷が現われる。この場合も板磁石には右方向の力が働くことがわかる。

等価板磁石は電流ループの近似モデル

　電流ループとその等価板磁石が同じ磁界を作るのは、板磁石の外部だけである。等価板磁石は、電流ループの厳密モデルではないことを明らかにしておく。図20.7(a)に電流 I が流れている電流ループの断面図を示した。この電流ループと鎖交する経路を C とすると、次のアンペアの法則が成り立つ。

$$\int_C \boldsymbol{H} \cdot \boldsymbol{\tau} ds = I \quad \cdots\cdots\cdots\cdots\cdots\cdots\cdots\cdots\cdots\cdots\cdots\cdots (20.2)$$

　次に、図20.7(b)に示すように、図20.7(a)の電流ループを周辺とする厚さ l の板磁石を考えてみよう。板磁石の表面の磁荷密度を σ_m とする。この板磁石が作る磁界を $\boldsymbol{H}$ とし、この磁界を経路 C に沿ってA点からB点まで、式(20.2)の左辺の積分をする。

　このときの積分値は、次の条件を満足するとき電流 I に等しくなることは、第14章の図14.3などに示した。この結果は、形式的に式(20.2)に一致する。

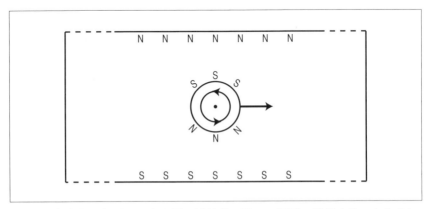

〔図20.6〕実際の板磁石に穴を開け導体線に通して円形の磁界を作ったときに磁石に働く力

$$\sigma_m l = \mu I \quad \text{および} \quad l \to 0 \quad \cdots\cdots\cdots\cdots\cdots\cdots\cdots\cdots (20.3)$$

このとき、積分経路は図20.7（b）の矢印の方向にAからBまでであり、点線の部分を含まないこと、それに$l \neq 0$というのが重要である。もし$l=0$ならば、式（20.3）から、$I=0$になってしまうからである。

板磁石が作る磁位は図14.3に示したが、磁石の厚さlは零ではないため、磁石の内部は絶壁ではあるが磁位の勾配は有限である。従って、図20.7（b）の点線の部分を積分経路に含めれば、積分値は零になり、アンペアの法則は成り立たない。

これに対して、図20.7（a）の電流ループにはこのような聖域はない。これが電流ループと等価板磁石の大きな違いである。電流ループとその磁石モデルに関係するパラドックスでは、板磁石の内部を別途に考慮すれば解決する場合が多い。次のパラドックスも参考文献6)にあるが、その例のひとつである。

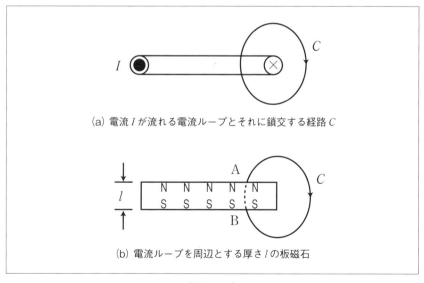

(a) 電流Iが流れる電流ループとそれに鎖交する経路C

(b) 電流ループを周辺とする厚さlの板磁石

〔図20.7〕

電流ループと等価板磁石

図 20.8 に示すように、xy 面に垂直な静磁界 H_z がある。磁界は y 方向と z 方向には一様だが、x 方向に対しては、x の値とともに大きくなっている。xy 面上に 2 辺が a、b の長方形の導体線ループがあり、定常電

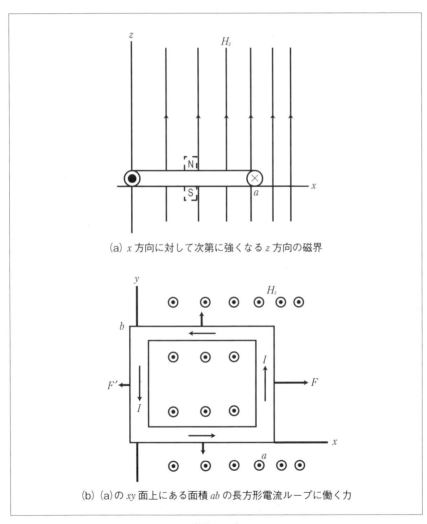

(a) x 方向に対して次第に強くなる z 方向の磁界

(b) (a) の xy 面上にある面積 ab の長方形電流ループに働く力

〔図 20.8〕

流 I が流れている。磁界 $\boldsymbol{H}$ の中を流れる電流 $\boldsymbol{I}$ にはローレンツ力 $\boldsymbol{F} = \mu \boldsymbol{I} \times \boldsymbol{H}$ が働くため、導体線ループには右方向の力 $F - F'$ が働いている。

電流ループは、ループで囲まれた面内にある板磁石と等価である。図 20.8（a）の点線はその板磁石の一部だが、静磁界 H_z に垂直な板磁石に x 方向の力は働かない。しかし、電流ループには大きさ $F - F'$ の力が x 方向に働く。これはパラドックスである。

この解法は、大変難しい論文として参考文献6）に発表されているが、ここでは極めて簡単な別の方法を示そう。パラドックスを解明するには、前提となる条件を検討することがポイントのひとつになる。この問題では、図 20.8 のような磁界 H_z はどのように作れるか、ということになる。

問題を簡単にするため、z 軸方向の磁界 H_z は x に比例し、比例定数を $h[\mathrm{A/m^2}]$ として次のように仮定する。また、電流ループに流れる電流は非常に小さく、磁界 H_z に与える影響は無視できるとする。

$$H_z = hx \quad [\mathrm{A/m^2}] \quad \cdots\cdots\cdots\cdots\cdots\cdots\cdots\cdots\cdots (20.4)$$

導体線ループに流れる電流 I にはローレンツ力が働くが、図 20.8（b）の上下の導体線には、同じ大きさで反対方向の力が働くから無視する。左右の導体線に働く力は、それぞれの位置の磁界が $H_z = 0$, $H_z = ha$ となるため、次のようになる。

$$F' = 0, \quad F = \mu I hab \quad \cdots\cdots\cdots\cdots\cdots\cdots\cdots\cdots (20.5)$$

この問題では磁界は時間的に変化しないから、$\mathbf{rot}\,\boldsymbol{E} = 0$ を満足する静電界も存在できる。ただし、図 7.13 には電荷は現われないため $\boldsymbol{E} = 0$ であり、マックスウェルの方程式は、$\mathbf{rot}\,\boldsymbol{H} = \boldsymbol{J}$ だけが存在し、$H_x = H_y = \partial/\partial y = 0$ のため、次のようになる。

$$-\frac{\partial H_z}{\partial x} = J_y$$

この式の左辺に式（20.4）を代入して、次の式が得られる。

$$J_y = -h \quad [\mathrm{A/m^2}] \quad \cdots\cdots\cdots\cdots\cdots\cdots\cdots\cdots\cdots \quad (20.6)$$

　図20.8(a)の矢印の磁界が存在するためには、この面に垂直に式(20.6)の電流J_yが流れなければならない、というのがマックスウェルの方程式の教えるところである。

　次に検討するのが、電流ループと電流ループを周辺とする板磁石との関係である。この板磁石がもつN極の磁荷量を単位面積あたりσ_mとし、板磁石の厚さlをとする。電流ループと同じ磁界を作るためには、式(20.3)の関係が成り立つ。

　電流ループと板磁石が同じ磁界を作るのは、"板磁石の外側だけ"ということが重要である。板磁石の内部の磁界は、電流ループが作る磁界とは異なるため、板磁石と電流ループに働く力を比較するときは、板磁石の内部を別に考えなければならない。

　図20.8の磁界のある空間に、空洞の厚さlで2辺の長さがa、bの長方形の板磁石がある。図20.9にこの板磁石の断面図を示した。板磁石の内部には、式(20.6)の電流を流す空洞が必要であり、上下のN極とS極の厚さは非常に薄いとしている。

　式(20.6)から、空洞内ではy軸の負方向に単位面積あたり$h[\mathrm{A/m^2}]$の

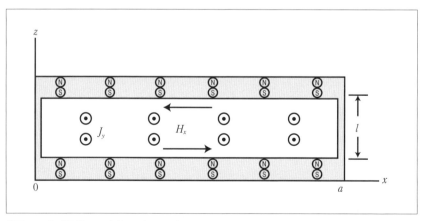

〔図20.9〕板磁石の内部の空洞を流れる電流J_yとこの電流によって発生する磁界H_x

電流が流れるが、x 方向の単位長さでは l をかけて hl[A/m] となる。この電流にアンペアの法則を適用すると、電流の上下には次の磁界ができる。

$$上側：H_x = -hl/2、\quad 下側：H_x = hl/2 \quad\cdots\cdots\cdots\cdots\cdots\cdots (20.7)$$

この磁界と空洞内の上下にある磁荷の積が板磁石に働く力になり、これらの力はいずれも右方向に働く。板磁石の面積は ab だから全磁荷量は $ab\sigma_m$ となり、上下の力の和は次のようになる。

$$F = ab\sigma_m hl = \mu Ihab \quad\cdots\cdots\cdots\cdots\cdots\cdots\cdots\cdots (20.8)$$

第2式は式 (20.3) を代入して求めた。この力は導体線ループに働くローレンツ力である式 (20.5) に一致するので、このパラドックスは解決された。

電流ループと移動する電荷

図 20.10 に示すように、xy 面上の原点を中心とする円形の導体線ループに定常電流 I が流れている。x 軸上の P 点に正の電荷があるが、この電流ループは P 点に図に示す方向の磁束密度 B を作る。

正の電荷が静止しているときは電荷に力は働かないが、図に示すように x 軸の負方向に速度 v で動き出すと、図の方向のローレンツ力 F が働く。さらに、正の電荷の運動によって、電流ループの位置にはビオ－サバールの法則から図に示す方向の磁束密度 B' ができる。この磁束密度 B' によって、電流 I には図に示す方向の力 F' が働く。

このように正の電荷 q が動き出すと、電荷と電流ループにはともに同じ方向の力が働く。これは参考文献7) の 52 ページに紹介されているパラドックスである。

このパラドックスの解答を、参考文献7) では次のように説明している。図 20.10 の電流と電荷に同じ方向の力が働くのは矛盾していない。その理由は、「**電流と電荷は直接力を及ぼし合うのではなく、電流と磁界が作用し、その磁界と電荷が作用し合うから電流と電荷は作用と反作用の関係になくてよい**」というのである。磁界という場は実体のあるも

— 179 —

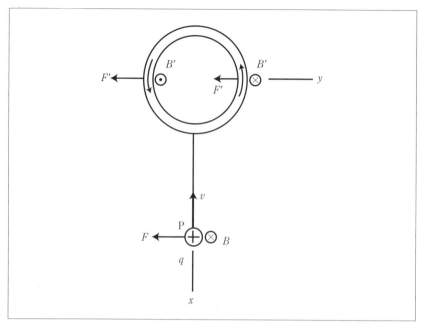

〔図 20.10〕円形の電流ループと速度 v で運動する電荷 q の相互作用

ののようである。

次に私の解答を示そう。はじめに電流ループの半径が小さいとき、すなわち電流ループの半径の大きさに比較して、十分遠方に電荷 q がある場合を考えてみよう。微小な電流ループは小さい棒磁石と同じ磁界を作るから、図 20.11 に示すように、電流ループは z 軸方向を向いた小さな棒磁石とみなしてよい。

図 20.11 の矢印のついた円は、図 20.10 の運動する電荷が yz 面に作る磁力線のひとつである。この図からわかるように、この磁力線によって磁石は右方向の力 F' を受ける。これは電荷が受ける左方向の力（図 20.10 の F）とは反対になるため、作用反作用の関係に矛盾しない。

大きい電流ループのときは、電荷と電流の相互作用を単純にするため、図 20.12（a）に示す方形の電流ループとする。方形の電流ループも、外部に作る磁界や電流に働く力の方向は、図 20.10 の円形の電流ループと

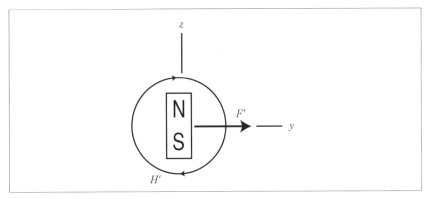

〔図20.11〕図20.10の電流ループが非常に小さいとき(H' は電荷 q が作る磁界)

本質的には同じになるからである。

　方形の電流ループのうちで、電荷のあるP点に上方向（z軸の正方向）の磁界（磁束密度は図20.12 (b) の下側の B_1）を作る電流ループを、図20.12 (b) の上側に示した。この場合には電荷には右方向の力 F_1 が働き、電流ループには左方向の力 F_1' が働くから、作用反作用の関係を納得することができる。

　上側の左方向に流れる電流には、時計方向の回転モーメントの力 $\pm F_1''$ が働いている。右方向の力 F_1 を受ける電荷は、電流ループを中心に対して反時計方向に回転すると考えれば、この電流に働く力 $\pm F_1''$ も納得することができる。

　図20.12 (c) には、図20.10と同じように電荷のある位置に下方向（z軸の負方向）の磁界（磁束密度を B_2 とする）を作る電流を示した。このときに電流に働く力は、反時計方向の回転モーメントの力 $\pm F_2'$ であって、図20.10のように左方向の力ではないことがわかる。

　図20.12 (c) の電荷に働く力 F_2 は、電流ループを中心に対して時計方向に回転すると考えれば、電流に働く力 $\pm F_2'$ はその反作用として納得することができる。これらの関係は、図20.12 (d) に示すように、横方向の棒磁石と磁界 q_m との相互作用からも理解できるだろう。

　図20.10に示すように、電流ループに働く力 F' を水平にしたため、パ

第20章 パラドックスのいろいろ

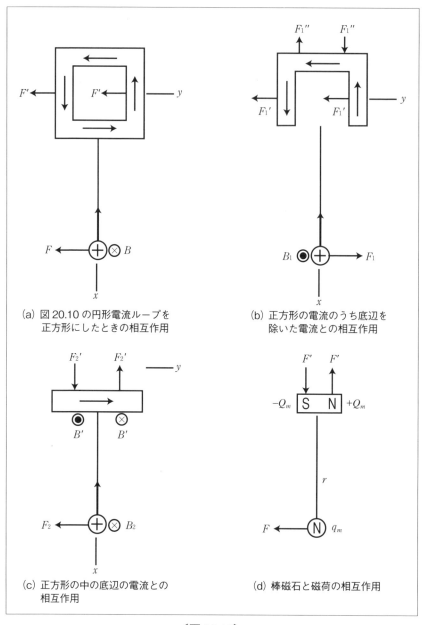

〔図 20.12〕

ラドックスになったのである。これを図 20.13 のようにすれば、このパラドックスは解決される。電流ループの中で、電荷 q に近い下側の右方向に流れる電流が、電荷 q と強く相互作用するためである。力の方向の関係は、図 20.12（d）に示した磁石と磁荷の相互作用と同じになり、パラドックスにはならないことが理解できるだろう。

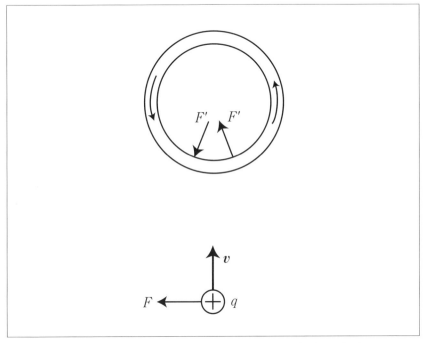

〔図 20.13〕運動する電荷 q と円形電流ループの相互作用

参考文献

1) 後藤尚久：「ポイント電磁気学」、朝倉書店 (1999)

2) 後藤尚久：「なっとくする演習・電磁気学」、講談社 (1998)

3) 後藤尚久：「なっとくする電磁気学」、講談社 (1993)

4) 原島鮮：「基礎物理学Ⅱ」、学術図書出版社 (1981)

5) 後藤尚久：「アンテナの科学」、講談社ブルーバックス (1998)

6) 細野敏夫：「磁気双極子の磁極モデルと電流モデルは等価か」、電子情報通信学会論文誌、Vol.J80-C-I, No.12, p.545 (1997)

7) 青野修：「いまさら電磁気学？」、丸善 (1996)

設計技術シリーズ

EMC技術者のための電磁気学

2018年5月28日　初版発行

著　者　後藤　尚久　　　　　　　　　　　　　　　　ⓒ2018

発行者　松塚　晃医

発行所　科学情報出版株式会社

　　　　〒300-2622　茨城県つくば市要443-14 研究学園

　　　　電話　029-877-0022

　　　　http://www.it-book.co.jp/

ISBN 978-4-904774-69-4　C2055

※転写・転載・電子化は厳禁

＊本書は三松株式会社から以前に発行された書籍です。